Auf die schlanke Tour

Auf die schlanke Tour

So werden Unternehmen lean und agil

Michael Habighorst

O'REILLY®

Michael Habighorst

Lektorat: Ariane Hesse
Fachgutachter: Rolf Dräther, Silke Notheis, Dr. Markus Maier
Korrektorat: Sibylle Feldmann, www.richtiger-text.de
Satz: III-satz, www.drei-satz.de
Herstellung: Stefanie Weidner
Umschlaggestaltung: Michael Oréal, www.oreal.de, unter Verwendung eines Fotos von © iStock, boschettophotography, ID 147456816
Druck und Bindung: Media-Print-Informationstechnologie, mediaprint-druckerei.de

Bibliografische Information der Deutschen Nationalbibliothek
Die Deutsche Nationalbibliothek verzeichnet diese Publikation in der Deutschen Nationalbibliografie; detaillierte bibliografische Daten sind im Internet über *http://dnb.d-nb.de* abrufbar.

ISBN:
Print 978-3-96009-095-3
PDF 978-3-96010-255-7
ePub 978-3-96010-256-4
mobi 978-3-96010-257-1

Dieses Buch erscheint in Kooperation mit O'Reilly Media, Inc. unter dem Imprint »O'REILLY«. O'REILLY ist ein Markenzeichen und eine eingetragene Marke von O'Reilly Media, Inc. und wird mit Einwilligung des Eigentümers verwendet.

1. Auflage 2018

Wieblinger Weg 17
69123 Heidelberg

5 4 3 2 1 0

Inhalt

KAPITEL 1

Gegen den Wind: Nur geteilter Erfolg ist echter Erfolg

Die letzten Meter vor dem Nordkap. Ich pedalierte wie ein Gestörter. Dann lag ich da.

Siebeneinhalb Wochen war ich unterwegs gewesen, als ich stürzte. Siebeneinhalb Wochen bis zu sechs Stunden täglich auf dem Sattel. Ich war allein vom Schwarzwald zum nördlichsten Punkt Europas gefahren. Siebeneinhalb Wochen immer mit einem einzigen Bild vor meinem inneren Auge: Ich stehe am Wahrzeichen des Nordkaps, der Weltkugel, reiße die Arme in die Höhe, neben mir mein Fahrrad mit den Gepäcktaschen, hinter mir nur Wasser, Himmel und Weite.

Ich neben der Weltkugel – das war mein Zielbild gewesen, seit ich anderthalb Jahre zuvor das erste Foto vom Nordkap gesehen hatte, von der Klippe, vom Meer und von dem meterhohen Globus aus schwarz lackiertem Stahl. In den anderthalb Jahren hatte ich Tausende Male innerlich dieses Bild aufgerufen. Mehr als 4.300 Kilometer war ich nun gefahren, bei jedem Wetter, tagelang durch Wälder, durch Strauchsteppen, durch die ganze insektenverseuchte Ödnis im Norden Skandinaviens. Dieses eine Bild von mir und dem Globus auf dem Nordkapplateau hatte mich getragen. Selbst nach schlimmen Rückschlägen hatte es mich neu beflügelt.

Doch jetzt, kurz vorm Ziel, war ich nicht mehr allein. Da waren auf einmal all die anderen Radfahrer, die in meinen inneren Bildern nicht vorgekommen waren. Das brachte mich aus der Fassung.

Völlig von der Rolle

Kurz vor dem Nordkap ist fast alle Vegetation wie weggepustet. Die Straße windet sich die letzten 28 Kilometer zwei Mal etwa 300 Höhenmeter auf ein Plateau, danach geht es gleich wieder steil bergab. Links und rechts nur noch Schotter und wenige Zentimeter hohes Gras. Wir fuhren jetzt zu viert: Christian, Henk, Robert und ich. Vier Radfahrer, die sich zufällig auf dem letzten Campingplatz vor dem Nordkap begegnet waren. Die Sonne schien, es war nur leicht bewölkt. Ideale Bedingungen? Von wegen! Wir hatten Gegenwind mit 60 Kilometern die Stunde. Dadurch kamen wir extrem langsam voran, waren bald alle körperlich am Limit. Henk und Robert hatten ihr Gepäck auf dem Campingplatz zurückgelassen, Christian und ich fuhren mit voll beladenem Rad. Wir wollten am Nordkap übernachten. Diese letzten beiden Steigungen, bevor man dann etwa zehn Kilometer vor dem Ziel schon das Besucherzentrum sieht, waren die härteste Strecke meiner ganzen Tour. Und da passierte es dann: Ich war nicht mehr ich selbst.

Wenn das Zielbild zum Zerrbild wird

Ich bekam auf einmal Angst, dass mein Erfolg jetzt kein Erfolg mehr sein würde. Ich wollte doch dieses Foto haben: ich allein am Globus auf dem Nordkapplateau, Arme in der Höhe, Fahrrad neben mir. Ja, ich brauchte dieses Foto unbedingt für meine Vorträge zum Thema, wie Unternehmen lean und agil werden, denn diese Vorträge waren fest geplant. Wenn da jetzt vier Radfahrer auf dem Foto wären, dann würden ja alle sehen, dass das jeder kann und es nichts Besonderes ist, mit dem Fahrrad zum Nordkap zu fahren. Auf einmal sah ich die anderen Radfahrer als meine Konkurrenten. Und da gab es für mich nur noch eins: schneller sein, als Erster da sein und allein an der Weltkugel das Foto machen. Mein Foto.

Ich geriet in einen irren Film, verkrampfte mich, pedalierte und pedalierte, schwitzte, bekam Schmerzen in den Beinen, einen staubtrockenen Mund, sah links und rechts nichts mehr. Trotz meines schweren Gepäcks schaffte ich es tatsächlich, schneller zu fahren als die anderen drei. Bald sah ich mich nicht mehr um, wusste nicht mehr, wie dicht sie hinter mir waren. Hauptsache, ich war schneller, würde der Erste sein. Ich hatte kein Zeitgefühl, kämpfte mit jedem Tritt nur noch gegen diesen scheiß Gegenwind. Irgendwann erreichte ich das Besucherzentrum, einen flachen Steinbau. Seit einer quälend langen Stunde hatte mir der Gebäuderiegel den Blick auf das Wahrzeichen versperrt, mein Zielbild. Das hatte mich nur noch rasender gemacht. Jetzt kurvte ich links um das Gebäude, zwischen zwei großen Steinen hindurch, die da liegen, um Autos abzuhalten. Endlich sah ich ihn, den Globus auf dem Plateau!

Da plötzlich der Sturz: Ich spüre einen heftigen Ruck. Mein Fahrrad stoppt, aber ich nicht. Ich hebe ab, fliege durch die Luft, stürze zu Boden. Mit dem Ellenbogen und der Hand treffe ich zuerst auf den Schotter, dann mit der Schulter und dem Kopf. Es tut sauweh. Ich stöhne vor Schmerzen, sehe, dass ich blute, und kapiere erst jetzt, was passiert ist: Ich bin mit einer der hinteren Packtaschen an einem der Steine hängen geblieben. Mein erster Gedanke: Mist! Mein zweiter Gedanke: Wo sind die anderen? Werden sie mich jetzt einholen? Überholen? Nein, das darf nicht sein! Ich springe auf, kümmere mich nicht um meine Verletzungen, ignoriere die Schmerzen. Noch ist keiner der anderen da. Ich schwinge mich zurück aufs Rad, rolle die letzten Meter zum Sockel, auf dem der Globus steht, und denke: Hey, ich bin immer noch Erster! Dann will ich mein Fahrrad die kurze Treppe zum Denkmal hochtragen. Es sind nur drei oder vier Stufen, aber ich schaffe es nicht. Irgendwas hält das Fahrrad zurück. Ich zerre wie verrückt, aber es will nicht diese Treppe hoch. Das gibt's doch gar nicht! Da sehe ich, wie Henk und Robert schon oben stehen, lachen, sich freuen. Hinter mir ist jemand! Er hat mein Fahrrad gepackt und zieht es zurück. Geht's noch?! Da erst merke ich, dass sich eine der Packtaschen am Treppengeländer verhakt hat. Der andere Besucher will mir nur helfen. Indem er das Rad zurückzieht, löst er schließlich die Tasche vom Geländer. Ich sage nicht einmal »Thank you«. Ich sehe nur mich und mein Ziel. Endlich bekomme ich das Fahrrad nach oben unter den Globus. Ich bin völlig fertig. Einer der Besucher macht für uns zwei oder drei Fotos, wie wir da oben stehen: Radfahrer in Heldenpose am

Nordkap. Die Bilder werden grottenschlecht. Mein Helm sitzt schief, mein Gesicht ist zu dunkel, ich bin kaum zu erkennen.

Eine unerwartete Lektion

Meine Fahrradtour von Freiburg zum Nordkap und zurück war für mich ein Sprung ins kalte Wasser. Zwar hatte ich bereits mehrmals an Europas härtester Autorallye teilgenommen, aber mit langen Radtouren fehlte mir jede Erfahrung. In Skandinavien kannte ich mich auch nicht aus, denn ich war bisher noch nie nördlicher als auf Sylt gewesen. Das allein war Grund genug, mich auf alle Eventualitäten vorzubereiten. Doch der entscheidende Gedanke war gewesen, dass ich die Tour nicht zum Vergnügen machen würde. Ich hatte sozusagen eine Mission zu erfüllen. Die Ereignisse der Reise wollte ich in Fotos, Videos und einem dicken Tagebuch festhalten, um später in Vorträgen, Workshops und einem Buch vielen Menschen in Unternehmen die Augen zu öffnen. Was war diese Mission? Dazu muss ich etwas ausholen. Ich bin eingefleischter Fan des Lean Management. Mein wichtigster Lehrer der Lean-Denkweise war Hitoshi Takeda, einer der Begründer dieses Ansatzes bei Toyota. Doch fast immer, wenn ich in den letzten Jahren in ein Unternehmen kam, wurde ich von Managern und Mitarbeitern mit dem gleichen Satz konfrontiert: »Lean Management funktioniert bei uns nicht.« Ich kann diese Skepsis sogar ein Stück weit nachvollziehen. Viele kennen Methoden und Tools aus dem Lean Management, aber es fehlt ihnen an einem Grundverständnis der Lean-Denkweise. Ohne dieses Verständnis sind die Lean-Werkzeuge nicht viel wert. Doch wie lässt sich ein Grundverständnis für die Lean-Idee so vermitteln, dass sie jedem unmittelbar einleuchtet?

Lean Management im Selbstversuch

Die Antwort auf diese Frage war meine Radtour. Denn die Lean-Prinzipien sind so genial, dass sie sich problemlos auf alle möglichen Lebensbereiche übertragen lassen. Sie helfen jedem, der etwas optimieren, ein anspruchsvolles Ziel erreichen oder unerwartete Probleme lösen möchte. Wenn mein Verständnis von Lean richtig war, dann würde ich anhand einer Radtour über fast 10.000 Kilometer – von der ich mich sicher zunächst ganz schön überfordert fühlen würde – zeigen können, wie man schlank und agil auf der Erfolgsspur fährt.

Von »agilem Management« oder »agiler Projektsteuerung« liest man in letzter Zeit häufig. Als Schüler von Hitoshi Takeda weiß ich, dass agile Vorgehensweisen schon immer Teil der Lean-Kultur sind, sich aber im Business jetzt erst breit durchsetzen. Ich führte mir also die wichtigsten Lean-Prinzipien vor Augen und musste nicht lange überlegen, wie ich ihre Anwendbarkeit anhand der Radtour demonstrieren könnte. Schließlich hatte ich einen Plan und glaubte, an alles gedacht zu haben. Ich wollte jetzt mal richtig der Bescheidwisser sein und anderen demonstrieren, was Lean Management ist. Für einen zertifizierten Lean-Experten und -Trainer, Scrum Master und Six Sigma Master Black Belt sollte das ja kein Problem sein. Das dachte ich. Womit ich, der Lean-Experte, überhaupt nicht rechnete, war, auf meiner Tour selbst noch etwas zu lernen. Doch dann wurde gerade das für mich die härteste und wichtigste Erfahrung.

»Respect for People« – das wichtigste Lean-Prinzip

»Respect for People« heißt einer der Lean-Grundsätze. Das klingt jetzt erst mal nicht nach einer besonderen Erleuchtung. Damit ist jedoch weit mehr gemeint, als nett zu Kollegen zu sein oder im Unternehmen anständig miteinander umzugehen. Eher könnte man dieses Prinzip so umschreiben: Mache dir stets bewusst, dass du auf andere Menschen angewiesen bist und dass du dauerhaften Erfolg nur gemeinsam mit ihnen erzielen kannst. Natürlich kannte ich den Grundsatz »Respect for People« schon vor meinem Aufbruch zum Nordkap. Aber ich maß dem keine große Bedeutung bei. Schließlich würde ich doch die ganze Zeit allein unterwegs sein! Also konzentrierte ich mich lieber auf andere Prinzipien, wie Vermeidung von Überlast, Rhythmusaufbau, Problemlösung oder agile Planung. Da ging es darum, wie ich meine Ausrüstung packe, wie viel ich am Tag fahre, wie ich mit Pannen umgehe oder wie ich meine Route stets optimiere. Andere Menschen respektieren – ja, welche denn? In meinen inneren Bildern kamen keine vor. Da sah ich nur mich, mein Rad und den Globus am Nordkap.

Gemeinsame, keine einsamen Ziele

Anders als im Arbeitsleben ist es während einer Radtour so, dass es für alles sofortiges Feedback gibt. Im Job rutscht jemand vielleicht ganz langsam in einen Burn-out. Wer sich auf einer Radtour zum Nordkap an einem Tag überanstrengt, kriegt schon am nächsten Tag nichts mehr auf die Kette. Alles, was ich auf der Tour gemacht habe, hat sich auf die jeweilige Situation unmittelbar ausgewirkt. Das war extrem. Es war aber auch extrem lehrreich. Wenn ich ein paar Meter vor dem Ziel nicht aufs Maul geflogen wäre, dann wüsste ich heute noch nicht, dass »Respect for People« das wichtigste aller Lean-Prinzipien ist. Ich wüsste nicht, dass Egotrips grundsätzlich sinnlos sind und nur geteilter Erfolg echter Erfolg ist. Aber jetzt weiß ich das. Ich weiß es, weil ich eine schmerzhafte Erfahrung gemacht habe. Und deshalb schreibe ich auch in diesem Buch am Anfang über das Prinzip »Respect for People«, noch bevor ich zu anderen, vielleicht bekannteren Lean-Grundsätzen komme. Meine Tour hat mich gelehrt: Egal welches Ziel ich mir gesetzt habe, es geht immer auch um die anderen. Ich bin niemals allein unterwegs.

Was mache ich hier bloß?

Realität als Schock

Das Besucherzentrum am Nordkap heißt auf Norwegisch »Nordkapphallen«, und erst wenn man es betritt, merkt man, wie riesig es ist. Der größte Teil des Gebäudes besteht aus Tiefgeschossen, die in den Felsen gehauen sind. Nachdem meine Ankunft am Wahrzeichen in die Hose gegangen war, konnte ich mich hier buchstäblich unter der Erde verkriechen. Zum Glück hatte ich mir bei meinem Sturz nichts gebrochen, denn sonst hätte ich die Rückfahrt über das Baltikum und Polen knicken können. Wie ferngesteuert lief ich durch die vielen Räume, das Restaurant, die Ausstellung, das Kino. Es war unglaublich voll. Im Lauf eines Sommertags, wie ich ihn erlebt habe, kommen hier gut und gerne 15 Reisebusse an, dazu eine Armada von Wohnmobilen, Autos und Motorrädern. Der Parkplatz ist fast so groß wie der vor Ikea. Und dann sind da immer auch ein paar Verrückte mit dem Fahrrad, die wer weiß wo losgeradelt sind. Nach anderthalb Stunden kam ich mit mir selbst wieder einigermaßen klar. Ich setzte mich an die große Scheibe, von der aus man direkt auf das Nordkapplateau und den Globus schaut. Geschützt vor dem Wind, der mich auf den letzten Kilometern fertiggemacht hatte. Es war die ideale Distanz zum Nachdenken: Was machte ich hier bloß?

»Respect for People« wirklich verstanden

Nach Wochen der Anstrengung war mein Zielbild zu einer anfassbaren Realität geworden. Aber durch meine mangelnde Bereitschaft, den Erfolg mit anderen zu teilen, hatte ich mir die beglückende Erfahrung fürs Erste verdorben. Mir wurde klar, welch irrer Film in meinem Kopf abgelaufen war. Ich hatte Menschen, denen ich zufällig begegnet war, als meine Konkurrenten gesehen und unbedingt schneller sein wollen als sie. Das alles war völlig irrational und genau deshalb so beunruhigend. Ich dachte hier auch zum ersten Mal an den Grundsatz »Respect for People« und ahnte, dass ich dessen Tragweite vielleicht bisher nie richtig verstanden hatte. Eines war mir aber schon hundertprozentig klar: Ich wollte nie wieder alleine in einem solchen Tunnel unterwegs sein, verbissen auf der Jagd nach nichts anderem als dem eigenen Erfolg. Nach einiger Zeit traf ich im Besucherzentrum wieder auf Christian, Henk und Robert. Christian stammt aus Osnabrück, das ist in der Nähe meiner alten Heimat in Ostwestfalen. Wir haben uns im folgenden Jahr zu Weihnachten noch einmal getroffen, und da fragte ich Christian ganz offen, ob ihm aufgefallen sei, wie ich kurz vor dem Ziel drauf gewesen war. Nein, er habe nichts mitbekommen – und das machte es für mich fast noch schlimmer. Das ganze irre Drama war wirklich nur in meinem Kopf gewesen. Christian hatte 150 Meter vor der Nordkapkugel sogar noch einmal angehalten und eine kurze Pause gemacht. Er wollte in Ruhe ankommen.

Henk und Robert verließen das Besucherzentrum schon bald wieder, weil sie zurück zum Campingplatz in Honningsvåg mussten. Da Christian auch am Nordkap übernachten wollte, verbrachten wir den Rest des Tages gemeinsam. Fast zehn Stunden lang saßen wir am Fenster mit Blick auf die schwarze Weltkugel. Wir redeten nicht viel, und das war auch gar nicht nötig. Mehr und mehr genoss ich das schöne

Gefühl, jetzt nicht alleine zu sein, diesen Moment mit jemandem teilen zu können. Ab und zu gingen wir nach draußen, um weitere Fotos zu machen. So entstanden dann auch die vorzeigbaren Bilder für meinen Vortrag und die Presse. Auf diesen Fotos sehe ich entspannt und glücklich aus, und das war ich jetzt endlich auch. Den Rest dieses Tages verbrachte ich mit Tagebuchschreiben. Dabei und in späteren Reflexionen wurde mir klar, was ich erlebt hatte und was der Unterschied zu meinen Erfahrungen in Unternehmen war. Ich hatte einen Egotrip reinster Güte hinter mir. Da es auf einer Radtour sofortiges Feedback gibt, hatte ich für den Egotrip gleich die Quittung bekommen. Ich hatte mich bis zur Erschöpfung verausgabt, statt mit der Gruppe im Windschatten zu fahren. Dadurch war ich unkonzentriert geworden, war unachtsam gefahren und schließlich gestürzt. Am Ende war ich nicht der Erste, sondern der Letzte am Ziel und konnte den Erfolg nicht mal genießen. Das alles lief innerhalb von sehr kurzer Zeit ab.

Die unvermeidliche Quittung eines Egotrips

Die Egotrips im Unternehmen verlaufen anders. Wer als Chef oder als Projektleiter nur an sich und seine Karriereziele denkt, bekommt kein sofortiges Feedback wie auf einer Radtour. Er kann sein Spiel eine ganze Zeit lang so treiben. Er kann zum Beispiel zu seinen Mitarbeitern sagen: »Kommt, Leute, nur noch ein einziges Mal müsst ihr mich jetzt voll unterstützen, ein Opfer bringen und alles geben.« In Wirklichkeit sieht er es als den Normalzustand an, dass Mitarbeiter sich für ihn ausbeuten und die letzten Reserven mobilisieren. Er wird gleich bei nächster Gelegenheit wieder die gleichen pathetischen Sprüche bringen. Was er sich lange nicht bewusst macht: Sein Egotrip zersetzt das System schleichend, und irgendwann kommt auch hier die Quittung. Die Mitarbeiter sind dann ausgelaugt oder haben keine Lust mehr. Entweder verlassen sie das Unternehmen, oder sie kündigen innerlich und machen nur noch Dienst nach Vorschrift. Das Schlimmste ist aber immer das Gleiche, egal ob auf einer Radtour oder im Unternehmen: Wer niemanden hat, mit dem er seine Erfolge teilen und sich gemeinsam freuen kann, der verpasst etwas Wesentliches.

Das Geheimnis der Familie Toyoda

Die Familie Toyoda (mit »d«)

Respekt, Höflichkeit, Disziplin und ein ausgeprägtes Wir-Gefühl zählen zu den wichtigsten Werten in Japan. Es wäre jedoch Unsinn, das Prinzip »Respect for People« in der Lean-Denkweise auf die japanische Kultur zurückzuführen. Toyota, das Unternehmen, in dem Lean Management im 20. Jahrhundert entwickelt wurde, lebt seine Kultur schließlich an allen Standorten auf der Welt, also auch dort, wo gar keine Japaner arbeiten. Wir kommen dem Geheimnis des besonderen Umgangs mit Menschen näher, wenn wir uns die Geschichte des Familienunternehmens Toyota anschauen. Die Familie Toyoda (mit »d«), die im Jahr 1937 ihr Unternehmen in Toyota (mit »t«) umtaufte – zu den Gründen für diese Änderung gibt es widersprüchliche Theorien –, lebte »Respect for People« schon, als wir Europäer in Sachen Teamspirit noch auf Bäumen saßen. Bis heute konnte der Autobauer Toyota eine ganz eigene Firmenkultur bewahren.

Toyota stellte ursprünglich – als das Unternehmen noch Toyoda hieß – Webstühle her. Firmengründer Sakichi Toyoda produzierte seit 1894 mechanische Webstühle und brachte 30 Jahre später gemeinsam mit seinem Sohn Kiichirō eine vollautomatische Webmaschine auf den Markt. Hier kam zum ersten Mal eines der wichtigsten Prinzipien des späteren Lean-Produktionssystems zum Einsatz: Jidōka, das sich als »intelligente und menschliche Automation« umschreiben lässt. Die Webmaschine enthielt einen Mechanismus, der die Maschine automatisch stoppte, falls ein Faden riss. Dieses Prinzip war revolutionär, weil sich so erstmals schon während der Produktion Fehler ausmerzen ließen und nicht erst im Nachhinein. Später wurde daraus die berühmte Grundregel, dass jeder einzelne Arbeiter die Produktion stoppen darf, wenn ihm ein Fehler auffällt. Aber nicht allein das. Zum Prinzip des Jidōka gehört auch, dass die Mitarbeiter selbstständig möglichst schnell die Lösung für ein Problem finden.

Mitarbeiter und ihre Problemlösungs-kompetenz

Wer seinen Mitarbeitern so viel Verantwortung überträgt, der muss sie entsprechend entwickeln und befähigen. Schon Sakichi Toyoda soll einmal gesagt haben: »Ich bin der bestbezahlte Lehrer im Unternehmen.« Im Fokus standen bei der Familie Toyoda immer die Menschen mit ihrem Wissen und ihren Fähigkeiten. Alle Mitarbeiter sollten hier mitdenken und Probleme selbstständig lösen können. Und auch das ist eine Frage des Respekts vor Menschen: Die Spitzengehälter sind bei Toyota bis heute vergleichsweise moderat. Firmenchef Akio Toyoda verdient laut übereinstimmenden Presseberichten umgerechnet rund 1,4 Millionen Euro im Jahr. Zum Vergleich: Beim Wettbewerber Volkswagen, dem Dauerrivalen um den Titel »größter Autobauer der Welt«, deckelte der Aufsichtsrat das Gehalt des Vorstandschefs erst 2017 auf 10 Millionen Euro. Martin Winterkorn hatte bis zu 16 Millionen Euro im Jahr verdient und bezieht heute eine Rente von 3.100 Euro – am Tag. GM-Chefin Mary Barra verdient 22 Millionen US-Dollar im Jahr und fliegt seit Kurzem in ihrem eigenen Businessjet, nachdem der Autobauer jahrelang seine Jets nur angemietet hatte.

Spitzengehälter der Topmanager

Einem Toyota-Chef wären solche Gehälter oder gar ein eigener Jet vor seinen Mitarbeitern peinlich. Bei dem Konzern in Familienhand ist es eine Frage des Respekts, Maß zu halten und nicht zu protzen. Führungskräfte und Mitarbeiter empfinden sich bei Toyota als großes Team. Gestreikt wird praktisch nie. Das lässt sich von VW oder GM in dem Maße sicher nicht behaupten. Zum besonderen Spirit bei Toyota gehört nicht zuletzt auch, dass das Familienunternehmen stets aus eigener Kraft gewachsen ist, also ohne staatliche Subventionen und ohne Zukäufe anderer Hersteller. Das sollte man auch bei der Dauerdiskussion bedenken, ob Toyota oder VW der größte Autohersteller der Welt ist. Toyota ist mit Sicherheit der größte aus eigener Kraft. Ein Schlüssel dazu war und ist ein besonderer Umgang mit den Mitarbeitern. »Respect for People« drückt es vorsichtig aus, was typisch japanisch ist. »People first«, könnte man etwas plakativer sagen, zumal aus europäischer Sicht. Als der damalige Porsche-Chef Wendelin Wiedeking die Lean-Denkweise

1992 erstmals nach Deutschland brachte, prallten Welten aufeinander. Während Lean Management bis in den Mittelstand Kreise zog, weil alle Porsche nacheiferten, unterschätzte man oft, welchen Umgang mit Mitarbeitern die Lean-Kultur voraussetzt. Ist das heute grundsätzlich anders? Ich fürchte nein.

Mit Menschen am Ort des Geschehens

Ich kann gar nicht sagen, wie oft ich das während meiner Karriere in unterschiedlichen produzierenden Unternehmen erlebt habe: Es gibt ein Problem in der Produktion – und wo soll es gelöst werden? Im Besprechungsraum! Probleme im Besprechungsraum zu lösen, gelingt aber nur dann zuverlässig, wenn das Problem auch im Besprechungsraum liegt, wenn also zum Beispiel der Beamer dort streikt. Für alle übrigen Fälle gilt eine eiserne Regel von Hitoshi Takeda: Probleme löst man gemeinsam mit den Mitarbeitern am Ort des Geschehens. Das klingt jetzt vielleicht erst mal ganz banal und leicht. Doch ich habe in Unternehmen gearbeitet, in denen für eine Bestellung von Büromaterial im Wert von 50 Euro fünf Unterschriften nötig waren. In solchen Unternehmen ist es alles andere als banal und leicht, Probleme außerhalb von Managerrunden im Konferenzraum zu lösen. Sich gemeinsam mit den Mitarbeitern in der Produktionshalle – also den Arbeitern im Blaumann mit Öl an den Händen – über komplizierte technische Fragen zu unterhalten, ist hier noch undenkbar. Das käme einem grundlegenden kulturellen Wandel gleich. Doch genau dieser Kulturwandel im Umgang mit Mitarbeitern ist oft nötig, wenn Unternehmen lean und agil werden wollen.

Vermeintliche Problemlösung im Konferenzraum

Bei einem Hersteller von Motorgehäusen aus Grauguss gab es immer wieder Qualitätsprobleme. Kurz erklärt für alle, die mit Grauguss noch nie etwas zu tun hatten: Hier sind Probleme vorprogrammiert, mit denen jeder Hersteller umgehen muss. Wenn man Graugussteile zerspant, werden Spannungen frei, und dadurch verzieht sich das Werkstück. Bei diesen Motoren sind konstruktionsbedingt nur minimale

Toleranzen erlaubt. Die Kunst ist also, das Werkstück so zu bearbeiten, dass man während der Bearbeitung den Verzug kompensiert. Diese Firma bekam das nicht in den Griff. Das Problem wurde von den Führungskräften im Konferenzraum endlos zerredet. Schließlich entschieden sich die Manager – wieder im Konferenzraum –, für 360.000 Euro eine neue Maschine für die Produktion der Gehäuse anzuschaffen. Das sollte das Problem lösen. Tat es aber nicht. Die neue Maschine war in Betrieb und das Problem bestand fort. Jetzt wurde ein Schuldiger gesucht und gefunden, nämlich der Hersteller der Maschine. Die Führungskräfte hielten stundenlange Telefonkonferenzen mit diesem Hersteller – natürlich vom Konferenzraum aus –, schrieben Protokolle, die ganze Aktenordner füllten, drohten mit Klagen. Das zog sich drei Jahre lang hin, ohne dass eine Lösung in Sicht war. Schließlich waren die Fronten so verhärtet, dass der Maschinenhersteller nicht mehr ans Telefon ging.

Mitarbeiter zu Problemlösern machen

Jetzt endlich waren die Manager bereit, sich auf die Lean-Vorgehensweise von Hitoshi Takeda einzulassen und das Problem gemeinsam mit den Mitarbeitern am Ort des Geschehens zu lösen – kaum drei Jahre später. Und das lag nicht an der Lean-Methode, die irgendwie verrückt oder unlogisch klingen würde, sondern es lag an der Kultur im Umgang mit Menschen. »Respect for People« heißt, ich als Manager unterhalte mich wenn nötig auch mit einem ungelernten Arbeiter über ein technisches Problem, sofern er im Alltag am nächsten am Problem dran ist und mir möglicherweise den entscheidenden Lösungshinweis geben kann. Im Fall der Motorgehäuse war es dann so, dass wir den Mitarbeitern an der Maschine gezeigt haben, wie sie systematisch Einflussfaktoren identifizieren und deren Auswirkungen testen können.

Kluge Lösungen müssen nicht teuer sein

Ein halbes Jahr lang betrieben die Mitarbeiter unter meiner Anleitung Trial-and-Error. Dann sank die Ausschussquote von 20 Prozent auf unter 1 Prozent, was okay ist. Der entscheidende Lösungsfaktor lag in neuen Spannbacken. Die hätte man auch gleich anschaffen können – für 2.500 Euro, statt erst für 360.000 Euro eine neue Maschine zu kaufen. Also 0,7 Prozent der Investitionssumme, wenn man die Lösung gemeinsam mit den Mitarbeitern gesucht hätte. Von dem Theater mit dem Hersteller, den Telefonkonferenzen über Monate und der vergeudeten Arbeitszeit ganz zu schweigen. Das Beste aber war, dass die Arbeiter nun gelernt hatten, wie sie beim nächsten Mal selbst nach der Lösung für ein Qualitätsproblem suchen können. Das heißt es in der Praxis, Mitarbeiter zu befähigen.

Eine Frage der Haltung

Lean ist eine Haltung, kein Methodenkoffer

Methoden sind Ergebnisse einer Denkweise. Wer die Lean-Grundsätze mit Haut und Haaren lebt, der geht anders an Probleme heran und anders mit Menschen um als jemand, der in der Denkweise alter hierarchischer Unternehmensstrukturen gefangen ist. In der Lean-Kultur kommt es nicht auf die Methoden und Tools an, sondern auf die innere Haltung. Deshalb wird Lean in Europa so oft missverstanden, und deshalb behaupten so viele, Lean funktioniere in ihrem Unternehmen nicht. Sie wollen die Lean-Methoden und die Tools anwenden, ohne ihre Haltung zu ändern. Das wird niemals gelingen. In meiner Ausbildung bei Hitoshi Takeda habe ich gelernt, mich als Experten für Problemlösungen zu sehen, nicht als Experten für die Probleme selbst. Diese Haltung ist in europäischen Unternehmenskulturen noch nicht sehr verbreitet. Gerade im produzierenden Mittelstand definieren sich viele Chefs immer noch als diejenigen, die am besten Bescheid wissen und daher berufen sind, bei Problemen selbst die Lösungen zu finden. Gleichzeitig wissen die Mitarbeiter oft, dass ihre Meinung nicht gefragt ist. Sie haben sich deshalb abgewöhnt, selbst über etwas nachzudenken, und sich angewöhnt, mit jeder Frage zum Chef zu rennen. Der Chef gibt sich dann oft genervt und beklagt sich über die Unselbstständigkeit seiner Mitarbeiter. In Wirklichkeit haben sich in einem hierarchischen System nur oben und unten aufeinander eingespielt. Die Initiative zur Veränderung kann hier nur noch von oben kommen.

Probleme in der Werkshalle lösen

In einer Lean-Kultur wissen Führungskräfte nicht nur, dass sie für die meisten Probleme anfangs auch keine Lösung haben, sie sagen das ihren Mitarbeitern auch ganz offen. Sie sagen zum Beispiel: »Leute, ich verstehe auch noch nicht, warum wir bei dem Getriebe diesen schwankenden Wirkungsgrad haben. Aber wir werden es gemeinsam herausfinden.« Wer sich als Führungskraft auf einen Egotrip begibt, hat meist wenig bis kein Vertrauen in das Know-how und die Fähigkeiten seiner Mitarbeiter. Dabei machen es die meisten im Privatleben ja intuitiv richtig. Mal angenommen, ein Manager sucht eine bestimmte Einstellung bei YouTube – wen würde er fragen? Die Hotline von YouTube? (Falls da überhaupt jemand erreichbar ist.) Oder seinen 14-jährigen Sohn, der täglich Stunden auf YouTube verbringt? Die Antwort liegt auf der Hand: Wer näher dran ist an der Praxis, der hat meistens auch schneller eine Lösung.

Wer ist hier wirklich der Experte?

Wenn ich zum Beispiel in ein Unternehmen komme, das Edelstahl bearbeitet und verschweißt, dann behaupte ich erst einmal, wenig Ahnung vom Schweißen zu haben, auch wenn das so nicht stimmt. Dieses Understatement wirkt entwaffnend und setzt gerade dadurch Lösungsenergie frei. Ich gehe in die Werkshalle und sehe mir gemeinsam mit den Menschen an der Maschine das Problem an. Das sind die Leute mit dem Wissen aus der täglichen Praxis. Ich will von ihnen als derjenige akzeptiert werden, der ihnen Lösungswege zeigen kann. So habe ich das bei Hitoshi Takeda gelernt.

Meine Ausbildung bei dem Begründer des »synchronen Produktionssystems« fand nicht in einem Seminarraum statt, sondern in einem Betonwerk. Keinem stillgelegten Werk, sondern einem, in dem produziert wurde, während wir unsere Lektionen lernten. Takeda beschränkte die Theorie aufs Nötigste und schickte uns dann in die Werkshalle, wo echte Mitarbeiter uns erwarteten. Es gab da eine riesige Maschine, die Betonröhren für die Kanalisation herstellte. Eine unserer Aufgaben war, die Umrüstzeit der Maschine auf andere Rohrdurchmesser zu verkürzen.

Die (fast) unlösbaren Aufgaben des Hitoshi Takeda

Bisher dauerte es 150 Minuten, um die Maschine von 40 cm auf 30 cm Rohrdurchmesser umzurüsten. Die Zielvorgabe von Hitoshi Takeda lautete 9:59 Minuten oder weniger. Das ergibt sich aus der SMED-Methode (Single Minute Exchange of Die), die auf ein Umrüsten im einstelligen Minutenbereich zielt. Wir hatten zwei Tage Zeit, um eine Lösung zu erarbeiten. Erst einmal gingen wir natürlich mit Anlauf in die Falle. Wie typische Ingenieure standen wir um die Maschine herum, machten Skizzen und diskutierten untereinander. Nach zweieinhalb Stunden lagen vier Skizzen zerknüllt im Mülleimer. Da trat Hitoshi Takeda wie ein weiser Zen-Meister ganz leise an mich heran und stellte mir nur eine einzige Frage: »Meinst du, dass ihr so in zwei Tagen das Problem lösen könnt?« Da machte es Klick. Wir redeten mit den Mitarbeitern und begannen, gemeinsam zu experimentieren. Nach zwei Tagen Trial-and-Error hatten wir die Rüstzeit von 150 auf 15 Minuten und 30 Sekunden reduziert. Takeda war zufrieden. Seine Zielvorgabe von 9:59 Minuten hatten wir zwar verfehlt, aber ohne dieses hohe Ziel hätten wir es niemals geschafft, die Umrüstzeit um fast 90 Prozent zu reduzieren.

Ob Lean Management in Unternehmen funktioniert, darüber müssen wir heute gar nicht mehr reden. Das ist oft genug erwiesen. Reden müssen wir über die Voraussetzungen, die erfüllt sein müssen, damit Unternehmen lean und agil werden. Ohne eine Haltungsänderung wird die Lean-Denkweise in den meisten Unternehmen im Ansatz stecken bleiben oder sogar scheitern. Wer sich mit dem Prinzip »Respect for People« nicht anfreunden kann und Schwierigkeiten hat, alle Mitarbeiter auf Augenhöhe und am Ort des Geschehens einzubeziehen, der kann sich die Beschäftigung mit den weiteren Lean-Prinzipien in diesem Buch eigentlich sparen.

Eigenverantwortung und Mitsprache der Mitarbeiter

Noch einmal: Es klingt leicht, aber es ist überhaupt nicht leicht. Ich bin selbst in der Vergangenheit immer wieder gescheitert, weil ich als Ingenieur eben doch glaubte, allein den entscheidenden Geistesblitz zu haben. Wer sich als Manager oder Projektleiter allerdings auf die neue Haltung einlässt, der wird schon bald feststellen, dass sie einem das

Leben viel leichter macht. Wer Mitarbeiter einbezieht, Verantwortung abgibt und sich nicht mehr mit jedem Problem allein herumschlägt, hat mehr Zeit fürs Wesentliche. Natürlich müssen auch die Mitarbeiter ihre Haltung ändern. Alles hat immer zwei Seiten. Die Lean-Denkweise braucht mitdenkende, stets lernbereite, offen über Probleme und Lösungen kommunizierende Mitarbeiter, die sich verändern wollen. Sowohl die Praxis als auch verschiedene Studien zeigen, dass sich 90 Prozent der Mitarbeiter in Unternehmen mehr Eigenverantwortung und Mitsprache wünschen. Sie wollen ernst genommen und gefragt werden. Für so gut wie jeden ist es ein Glückserlebnis, wenn jahrelange Erfahrung in der Werkshalle endlich einmal abgefragt wird.

Erfolg vervielfacht sich, wenn man ihn teilt

Schließlich gibt es für alle – Chefs, Mitarbeiter, Zulieferer, Partner – eine Erfahrung, die nicht in Geld zu messen, aber genauso wertvoll ist wie alle Einsparungen und alle erfolgreich gelösten technischen Probleme: Es ist die Erfahrung, Erfolg miteinander teilen zu können. Ohne meinen Sturz vom Fahrrad kurz vor der ersehnten Ankunft auf dem Nordkapplateau würde ich das vielleicht jetzt gar nicht so betonen. Aber heute weiß ich, wie wichtig das nicht nur bei einer Radtour, sondern auch im Arbeitsleben ist. Der Erfolg, den wir teilen, wird mehr. Der Erfolg, den unsere Mitarbeiter haben, kommt zu uns zurück. Das Wissen und die Ideen meiner Mitarbeiter vergrößern meinen eigenen Erfolg und sind am Ende auch gut für meine Karriere. Sich gemeinsam freuen zu können, ist als Motivationsschub kaum zu toppen. Und dann gibt es quasi als kostenlose Zugabe noch die Leichtigkeit und die Freude, die den Alltag so viel angenehmer macht, Stress reduziert und uns alle gesünder und zufriedener werden lässt. Sollte ich jemals noch einmal eine Radtour über 10.000 Kilometer planen, dann weiß ich jetzt: Ich sitze zwar alleine auf dem Sattel, aber an jeder Ecke können mir Menschen begegnen, die mir das Leben leichter machen. Sie bereichern mich mit ihren Ideen. Mit ihnen kann ich meine Erfolge teilen und mich gemeinsam mit ihnen darüber freuen.

KAPITEL 2

9149 Kilometer: Warum Lean?

»Wenn du zum Nordkap fährst, baue ich dir einen Fahrradrahmen«, sagte mein Kumpel Tobi. »Dann fahre ich zum Nordkap und zurück«, erwiderte ich. In einer Freiburger Kneipe wurde aus der Idee zur Radtour ein Commitment.

Kurz zuvor hatte ich die Entscheidung getroffen, eine viermonatige Auszeit zu nehmen, und brannte darauf, eine coole Aktion zu starten. Aber eine typische Weltreise? Eher nicht. Ich wollte an der eigenen Haustür starten und dort auch wieder ankommen. Nicht mit dem Auto, dem Motorrad oder dem Wohnmobil, denn das wäre mir zu schnell und zu wenig herausfordernd gewesen. Blieb also nur wandern oder Fahrrad fahren. Da Wandern nicht so mein Ding ist, lief es auf eine Radtour hinaus. Aber wohin? Auf keinen Fall wollte ich bloß eine große Runde drehen. Ich wollte an einen besonderen Ort fahren. Ich suchte ein lohnendes Ziel.

Ein lohnendes Ziel finden

So war ich innerlich alle vier Himmelsrichtungen durchgegangen: Osten? Shanghai ist fast schon ein Klassiker für spektakuläre Radtouren, der Weg durch die ehemaligen Sowjetrepubliken war mir aber politisch zu heikel. Zumal die Ukrainekrise sich gerade zugespitzt hatte. Süden? In Nordafrika brodelte es mir auch viel zu sehr. Und in Südeuropa kannte ich schon fast alles, das war mir zu langweilig. Westen? Da kommt ja bald nichts mehr außer Wasser. Also blieb nur der Norden. Mit dem Fahrrad zum Polarkreis! Als dieser Gedanke durch meinen Kopf schoss, dachte ich nur: Wow!

Kurz darauf saß ich dann mit Tobi und Keck, einem weiteren Kumpel, in der besagten Freiburger Kneipe. Völlig begeistert erzählte ich von meinem Plan. Da sagte Keck: »Polarkreis? Das ist doch total langweilig!« Meine Stimmung sauste in die Tiefe wie eine abstürzende Aufzugkabine. In meinem Kopf wurde es leer, und der Moment dehnte sich zu einer kleinen Ewigkeit. Doch mein Kumpel fügte dann hinzu: »Aber das Nordkap – das ist voll cool.« Keine Sekunde später bot Tobi an, mir den Fahrradrahmen zu bauen, falls ich tatsächlich zum Nordkap fahren sollte. Und im nächsten Augenblick war es ein Plan: mit dem Fahrrad von Freiburg zum Nordkap und zurück!

Viele Unbekannte und die Lean-Prinzipien

Als mir später klar wurde, worauf ich mich da eingelassen hatte, kamen mir die Lean-Prinzipien in den Sinn. Sie würden mir helfen, so eine Radtour anzugehen – die ja komplettes Neuland für mich war und mindestens genauso viele Unwägbarkeiten bereithalten würde wie ein großes Projekt im Unternehmen. Lean und agil, würde ich aber gut und sicher unterwegs sein, das war mir klar. Und je mehr ich darüber nachdachte, desto deutlicher sah ich das Potenzial meiner Tour: Ich würde nicht nur mir selbst beweisen, dass sich die Lean-Denkweise auf alle möglichen Herausforderungen übertragen lässt. Sondern ich würde das anhand dieses Beispiels auch anderen auf genial einfache Weise zeigen können. Nach so einer Analogie hatte ich schon lange gesucht.

Eins nach dem anderen

Tobi hielt sein Versprechen. In seiner Werkstatt entstand der Stahlrahmen für das Fahrrad, mit dem ich insgesamt 9.149 Kilometer zurücklegen sollte. Mir war von Anfang an klar, dass ich für eine so weite Tour einen Rahmen brauchte, der perfekt auf meinen Körper, mein Fahrverhalten und das Gewicht der Packtaschen abgestimmt ist. Vor dem Rahmenbau habe ich mich vermessen lassen. Aus meinen Körpermaßen errechnete Tobi dann die richtige Größe für den Rahmen. Bei der Produktion meines Rahmens konnte ich die ganze Zeit dabei sein und mit anfassen, was ich sehr genossen habe. Das war möglich, weil Tobi einen Rahmen nach dem anderen baut und nicht etwa an mehreren gleichzeitig arbeitet. Das wichtigste Rohmaterial für einen Rahmenbauer sind Rohrsätze, die er in einer universellen Länge einkauft. Nach dem Aufmaß schneidet er die Rohre zu, feilt sie, heftet sie, verschweißt sie, lötet eventuell ein Logo auf, richtet dann den Rahmen und bringt in mehreren Schichten eine Pulverbeschichtung auf. Eine ganze Menge Arbeitsschritte also, die Tobi schön der Reihe nach abarbeitet. So lange, bis er fertig ist und wieder einen einzigartigen Rahmen an seinen Besteller übergeben kann. Tobis kleine Werkstatt ist zwar weder Toyota noch Porsche, doch Tobi hat die Lean-Grundsätze verinnerlicht und arbeitet danach.

Moment mal: Was soll denn daran bitte schön lean sein? Wenn Tobi einen Rahmen nach dem anderen baut, ist das doch total umständlich! Wäre es nicht viel effizienter und ginge es nicht wesentlich schneller, wenn er sich immer nur auf einen einzelnen Arbeitsschritt konzentrieren würde? Mal angenommen, Tobi hätte Aufträge für fünf Rahmen in seinem Auftragsbuch. Sollte er sich dann nicht am besten hinstellen und erst einmal alle Rohrstücke für die fünf Rahmen zuschneiden? Danach könnte er sich dann ganz aufs Schweißen konzentrieren. Und schließlich würde er vielleicht einen oder zwei Arbeitstage nur beschichten. Er müsste nur einmal das entsprechende Werkzeug bereitstellen, nur einmal alles für die Pulverbeschichtung vorbereiten – anstatt jedes Mal wieder von vorne damit anzufangen.

Irreführende Vorstellungen von Effizienz

Die meisten Menschen glauben, dass effizientes Arbeiten so aussieht: sich immer nur auf einen einzelnen Arbeitsschritt zu konzentrieren. Ich weiß das so gut, weil ich Menschen, die mit den Lean-Prinzipien noch nicht oder nur wenig vertraut sind, gerne folgende Frage stelle: Wie würdet ihr zehn Briefe falten, in Briefumschläge stecken, mit Briefmarken versehen und abschicken? Die allermeisten antworten, dass sie erst sämtliche Briefe falten, dann alle gefalteten Briefe in die Umschläge stecken und schließlich die Briefmarken draufkleben würden. Nur wenige sagen, dass sie wahrscheinlich einen Brief nach dem anderen versandfertig machen würden. Diese wenigen begründen das aber selten mit mehr Tempo und Effizienz. Im Gegenteil, einige sagen sogar: »Ich mache das halt so, weil es mir angenehmer ist, aber anders wäre es bestimmt zeitsparender.«

One-Piece-Flow: weniger Zeit und weniger Fehler

Tatsächlich kostet es insgesamt etwa 20 Prozent weniger Zeit, jeden Brief einzeln zu falten, zu kuvertieren und zu frankieren, als diese einzelnen Arbeitsschritte nacheinander für alle Briefe zu erledigen. Noch dazu ist die Fehlerquote viel geringer – kein Brief landet aus Versehen in einem Kuvert, das mit einer nicht zum Empfänger passenden Adresse beschriftet ist. »One-Piece-Flow« lautet der Fachausdruck dafür in der Lean Production von Toyota. Tobi macht es also genau richtig, wenn er einen Rahmen nach dem anderen baut. Und nicht etwa einen ganzen Tag nur Rohre zuschneidet und einen anderen Tag nur beschichtet. Er spart etwa 20 Prozent Zeit und minimiert seine Fehlerquote. Okay, das glaubt erst mal niemand. Aber es wird jedem klar, der etwas länger darüber nachdenkt. Nehmen wir nur das Zuschneiden der Rohre. Sobald Tobi die Rohre für mehr als einen Rahmen zuschneidet, braucht er ein System, um auseinanderzuhalten, welche Teile für welchen Rahmen gedacht sind. Er benötigt eine Ablagelogik und sollte jedes Teil sicherheitshalber auch beschriften, um Verwechslungen auszuschließen. Mit Filzstift also schnell den Namen des Auftraggebers auf die Rahmenteile schreiben, Problem gelöst. Nein, so einfach ist es leider nicht. In einer Rahmenbauwerkstatt kommt viel Öl zum Einsatz, in allen möglichen Arbeitsschritten. Hände der Mitarbeiter, Lappen, Werkzeug – alles ölig. Öl entfernt aber sehr zuverlässig und schnell die meisten Filzstift-Beschriftungen. Deshalb muss sich Tobi genau überlegen, wie die Beschriftungen haften. Wenn er sich für Aufkleber entscheidet, dann dürfen davon aber auch keine Rückstände bleiben, die er später wieder entfernen muss. Zeit verliert er sowieso, wenn er sich mit Beschriftungen aufhält. An je mehr Rahmen Tobi gleichzeitig arbeitet, desto mehr Gedanken muss er sich außerdem über die »Lagerhaltung« der einzelnen Bauteile machen. Würde er den Rahmenbau in größerem Stil betreiben, wäre er am Ende bei einer regelrechten Lagerlogistik angelangt. Die kann er sich sparen, wenn er einen Rahmen nach dem anderen baut.

Liebe auf den zweiten Blick

Lean-Prinzipien sind häufig kontraintuitiv

Auch Jahrzehnte nach seiner Erfindung ist Lean Management in Unternehmen alles andere als ein Selbstläufer. Zahlreiche Lean-Projekte scheitern, weil sie methodisch falsch angegangen werden oder weil niemand im Unternehmen es schafft, allen Mitarbeitern ein Grundverständnis des Ansatzes zu vermitteln. Der notwendige kulturelle Wandel bleibt oft aus. Trotz aller nachgewiesenen Erfolge des Lean-Ansatzes gibt es außerdem immer noch Vorbehalte, die verhindern, dass ein Unternehmen Lean Management überhaupt in Angriff nimmt. Erst kürzlich habe ich erlebt, wie der Inhaber eines Unternehmens mit der Einführung von Lean Management gescheitert ist. Diese Firma verschickt 60.000 Pakete pro Jahr an Endkunden und geht dabei wenig effizient vor. Doch die mögliche schlanke Lösung scheiterte am Widerstand der zweiten Führungsebene. Die Manager schalteten auf stur, und der Inhaber war machtlos. Bevor ich dazu komme, warum der Lean-Ansatz gerade heute und gerade im Mittelstand so viel Nutzen stiftet, möchte ich auf die Gründe für solche Bedenken und Widerstände kurz eingehen. Einen Grund habe ich an dem Beispiel des Rahmenbaus für mein Fahrrad schon gezeigt: Die Lean-Prinzipien sind oft kontraintuitiv. Sie erschließen sich nicht sofort, sie bedürfen der Erklärung und der Vermittlung. Es muss jemanden im Unternehmen geben, der das Verständnis dafür weckt und die Mitarbeiter motiviert, so zu arbeiten, wie sie es nicht gewohnt sind oder im ersten Moment vielleicht sogar als unlogisch empfinden.

Lean Management ist kein fertiges Programm

Hinzu kommen in vielen Unternehmen Bedenken und Sorgen grundsätzlicher Natur. Zunächst einmal höre ich vonseiten des Managements immer wieder das Argument, das eigene Unternehmen sei zu speziell und einzigartig für Lean Management. Manchmal gipfelt das in Sätzen wie: »Wir sind nicht Toyota und auch nicht Porsche.« Die Führungskräfte glauben, anderswo könnte das ja alles funktionieren, aber in ihrem Unternehmen mit seinen ganz besonderen Gegebenheiten niemals. Dahinter steckt die falsche Annahme, Lean Management sei ein fertiges Programm, das in Unternehmen wasserfallartig ausgerollt wird. So ähnlich wie man auf einem Computer eine Standardsoftware, zum Beispiel Office 365, installiert. Solch ein Standardprogramm ist Lean Management aber gerade nicht! Es ist eine Denkweise, aus der als Konsequenz bestimmte Methoden folgen. Einige dieser Methoden sind bewährt und passen in vielen Unternehmen. Andere sind unternehmensspezifischer. Weitere werden in der Praxis ständig neu entwickelt. Lean Management ist also ein Ansatz, der sich in jedem Unternehmen auf einzigartige Weise konkretisiert. Kein Unternehmen ist zu speziell, um lean und agil zu werden. Es könnte höchstens den Fehler begehen, die schlanken und agilen Methoden anderer Unternehmen unreflektiert und ungeprüft zu kopieren.

Wenn Lean Angst macht

Wenn solche Bedenken ausgeräumt sind, bleiben oft noch diffuse Ängste, über die kaum jemand offen spricht. Diese Ängste sind durchaus verständlich, wenn man die Vorgeschichte bedenkt. Unter dem Schlagwort »Rationalisierung« wurden in unseren Breiten jahrzehntelang massiv Arbeitsplätze abgebaut, um Kosten zu sparen. Das hat bei den Menschen tiefe Spuren hinterlassen. »Mehr Effizienz« wird heute oft automatisch gleichgesetzt mit »weniger Jobs« und »mehr Arbeitsdruck«. Lean Management will Mitarbeiter jedoch nicht loswerden, sondern sie anleiten, das Richtige zu tun. Mehr noch, »Respect for People« ist – wie in Kapitel 1 dargestellt – die Basis für alles, was im Lean Management passiert. Insofern ist auch die Furcht vor Kompetenzverlust, wie ich sie sowohl bei Führungskräften als auch bei einzelnen Mitarbeitern häufig wahrnehme, unbegründet. Die Lean-Denkweise setzt darauf, dass alle ihr Wissen und ihre Fähigkeiten mobilisieren, miteinander teilen und ständig vermehren. Jeder Einzelne ist wichtig, niemand wird überflüssig.

Das Ende der Fürstentümer und »Hidden Agendas«

Einiges hat dennoch in Unternehmen, die lean und agil geworden sind, keinen Platz mehr. Dazu zählen Informationskontrolle, Fürstentümer, Hidden Agendas oder Karriereplanung auf Kosten von Kollegen. Sich von schlechten Gewohnheiten zu trennen, ist oft schwer. Das weiß jeder, der das Rauchen aufgegeben oder sich vorgenommen hat, weniger Alkohol zu trinken, weniger Schokolade zu essen und dafür mehr Sport zu machen. Doch jeder weiß auch, dass es sich lohnt, schlechte Gewohnheiten hinter sich zu lassen. So ist es auch in Unternehmen. Es lohnt sich, unproduktive, zeitfressende, verschwenderische und demotivierende Verhaltensweisen aufzugeben und durch schlankes und agiles Vorgehen zu ersetzen. Ist die Scheu vor dem Neuen und noch Ungewohnten erst einmal überwunden, wird Veränderungsenergie frei. Schließlich spielen sich neue Gewohnheiten ein, die dann bald genauso selbstverständlich sind wie die früheren Gewohnheiten. So ist es heute schon bei Toyota und vielen anderen.

Wieso Lean jetzt? Ganzheitliche Betrachtung ist aktuell

Warum also Lean? Warum jetzt mehr denn je? Und warum gerade im Mittelstand? Längst geht es nicht mehr darum, effizienter zu werden, nur um Kosten oder gar Personal zu sparen. Effizienz ist grundsätzlich natürlich besser als Ineffizienz, und Gewinne machen ganz bestimmt mehr Spaß als Verluste. Doch der Fokus hat sich verschoben, weg vom alles beherrschenden Kostenthema und hin zu einer ganzheitlichen Betrachtung. Entscheidend für die aktuelle Situation sind neue Marktgegebenheiten, die Unternehmen unter verstärkten Druck setzen, schlank und agil zu werden.

Die drei vielleicht wichtigsten möchte ich herausgreifen und in den folgenden Abschnitten beleuchten. Es handelt sich dabei nicht um getrennte Phänomene, sondern um Entwicklungen, die eng miteinander verzahnt sind. Da sind zunächst die rasant gestiegenen Kundenanforderungen – egal ob es sich um Firmenkunden oder um Endverbraucher handelt:

- Kunden werden immer individueller in ihren Wünschen, ungeduldiger in Bezug auf Liefergeschwindigkeiten und unberechenbarer in ihrem Verhalten. Diese Kunden treffen nun auf Mitarbeiter in Unternehmen, die mit den gewachsenen Anforderungen umgehen müssen.
- Das nächste Phänomen heißt »Fachkräftemangel«. Mit diesem Schlagwort wird ein Problem bezeichnet, das wir aus Lean-Sicht differenziert betrachten müssen: Es gibt nicht grundsätzlich zu

wenige Mitarbeiter, sondern die Mitarbeiter beschäftigen sich mit dem Falschen.

- Der dritte große Faktor, den ich nennen möchte, ist schließlich die Verschmelzung von Industrieproduktion und Informationstechnologie. Dafür hat sich im deutschen Sprachraum das Schlagwort »Industrie 4.0« eingebürgert. Digitalisierung gelingt am besten auf der Basis von Lean Management. Erst die Prozesse »aufräumen«, dann digitalisieren. Denn wer Chaos digitalisiert, der hat am Ende Chaos 4.0.

König Kunde wird Kaiser

Wer keinen Tobi kennt, der ihm seinen Fahrradrahmen ganz nach Wunsch baut, geht heute einfach ins Internet. Das frei konfigurierbare und anschließend speziell für den Kunden gebaute Fahrrad gibt es bei einer ganzen Reihe von Anbietern. Konfiguratoren kennt man ja vom Autokauf schon länger. Die Fahrradhersteller nutzen dasselbe Prinzip – bei einigen Anbietern geht es dabei nochmals individueller zu. Eine C-Klasse von Mercedes gibt es jedenfalls bis dato noch nicht in der auf die Körpermaße des Fahrers abgestimmten Karosseriehöhe. Bei manchen Konfiguratoren fürs Fahrrad gibt man dagegen online Körpergröße, Schuhgröße sowie eventuell noch die Länge der Unterschenkel ein. In einem anderen Auswahlschritt kann der Kunde dann noch die Sitzhaltung bestimmen: Möchte er leicht vorgebeugt, im »Urban Cycling Style«, auf dem Rad sitzen? Oder lieber aufrecht und bequem? Alle diese Angaben werden beim Bau des individuellen Rads berücksichtigt. Zudem hat der Kunde noch die Qual der Wahl, was Schaltung, Bremsen, Sattel, Scheinwerfer, Rückleuchte, Dynamo, Griffe, Gepäckträger und so weiter angeht. Selbst für den Ständer gibt es im Konfigurator manchmal mehr als zehn Varianten zur Auswahl. Bleibt dann nur noch, die Lackierung und das Rahmendekor zu bestimmen. Bei einem der Anbieter ergeben sich allein bei Lackierung und Dekor rechnerisch mehr als 16 Milliarden mögliche Kombinationen.

Kundenindividuelle Massenproduktion bei immer kürzeren Lieferzeiten

Der Trend zu kundenindividueller Massenproduktion bringt Märkte in Bewegung und setzt Unternehmen unter Druck. Der Konfigurator mag beim Fahrrad noch relativ neu sein. Beim Auto kann es sich längst kein Hersteller mehr erlauben, keinen zu haben. Und zu konfigurieren gibt es immer mehr: Mercedes hat 2016/17 nicht weniger als 25 neue Modelle auf den Markt gebracht. Auch die Modellzyklen werden immer kürzer. Wurde der 190er-Mercedes (W 201) von 1982 bis 1993 produziert, so wird die seit 2014 angebotene C-Klasse möglicherweise bereits 2020 abgelöst. Die Unternehmen müssen immer mehr immer schneller auf den Markt bringen und dabei immer umfangreicher auf Kundenwünsche eingehen. Ein Auftraggeber von mir produziert Brillengestelle nach Maß im 3-D-Druck. Wird es in zehn Jahren überhaupt noch in Serie produzierte Brillen zu kaufen geben? Schon heute erwarten die Kunden nicht nur mehr Auswahl, sondern auch mehr Tempo und Flexibilität. »Same-Day-Delivery« lautet der neue Goldstandard im Onlinehandel. Doch auch im B2B-Bereich sind zu lange Lieferzeiten immer öfter ein Grund, den Anbieter zu wechseln. Längst muss nicht nur Eiliges schnell gehen, sondern alles. »Sofortness« nennen Trendforscher das.

Wer findet und bindet die Fachkräfte?

Als wäre das noch nicht genug, suchen viele Unternehmen händeringend nach qualifizierten Mitarbeitern. Bei einem meiner Auftraggeber ist die Lieferzeit gerade von 10 auf 26 Wochen angestiegen, weil so viele Bestellungen vorliegen. Das Unternehmen würde gerne neue Leute einstellen, findet aber die Bewerber nicht. In dem baden-württembergischen Landkreis, in dem diese Firma angesiedelt ist, herrschte 2018 eine Arbeitslosenquote von 2,8 Prozent. Meist spricht man bei unter 4 Prozent von Vollbeschäftigung. Der Arbeitsmarkt ist in dieser Gegend also abgegrast. In einer solchen Situation ist es auch nicht unbedingt einfach, vorhandene Mitarbeiter zu binden. So mancher Arbeitnehmer schaut sich bei anderen Firmen um und fragt sich: Wer bietet mehr? Nicht allein mehr Geld, sondern auch mehr Freizeit, einen eigenen Kindergarten, eigene

Sportangebote, kostenlose Verpflegung. Alles das gibt es längst auch in Deutschland. Das Silicon Valley lässt grüßen.

Die magische Formel

Lean ist radikal: gerade, wenn es um Durchlaufzeiten geht

Lean Management ist die Antwort auf alle genannten Herausforderungen. Dazu muss man sich zunächst klarmachen, dass es das Herzstück von Lean ist, Durchlaufzeit zu reduzieren. Lean Management ist immer ein Kampf gegen die Uhr. Für geringere Durchlaufzeiten tut man alles. Was heißt das? Durchlaufzeit lässt sich betriebswirtschaftlich auf zwei unterschiedliche Weisen betrachten: Im Hinblick auf das gesamte Unternehmen ist es die Zeit, die vom Auftragseingang bis zum Eingang der Zahlung auf dem Konto vergeht. In der Produktion dagegen ist Durchlaufzeit die Zeit vom Eingang des Rohmaterials bis zum Ausgang des fertigen Produkts. Lean Management betrachtet im ersten Schritt die Durchlaufzeit in der Produktion. Und um es gleich deutlich zu machen: Wir sprechen hier nicht über vergleichsweise geringe Zeitgewinne von 10 oder 20 Prozent. Es geht im Lean Management nie darum, Durchlaufzeiten von, sagen wir, zehn auf acht Tage zu reduzieren. Der Ansatz ist viel radikaler. Bei Porsche zum Beispiel wurde die Durchlaufzeit innerhalb von zwei Jahren von sechs Wochen auf vier Tage reduziert. Bei einem meiner Auftraggeber kamen wir in relativ kurzer Zeit von fünf Tagen auf vier Stunden. Das ist die Größenordnung, über die wir reden.

Das Dogma Kostendenken vom Thron stoßen

Um solche Zahlen überhaupt richtig einordnen zu können, müssen viele Unternehmen umdenken. Das Dogma, das als Erstes vom Thron gestoßen werden sollte, ist das reine Kostendenken. Aus zwei Gründen. Erstens führt reines Kostendenken zu einem falschen Fokus. So werden etwa Wartezeiten oft vernachlässigt, weil sie keine direkten Kosten verursachen. Und alles, was nicht unmittelbar Geld kostet, wird den Gemeinkosten zugeschlagen und verschwindet aus dem Blick. Die übliche Kostenrechnung bildet Prozesse also gar nicht ausreichend ab. Zweitens führt reines Kostendenken häufig dazu, dass im Hinblick auf das Gesamtsystem am falschen Ende gespart wird. Man sucht überall nach Einsparpotenzialen – so wie man vielleicht im privaten Haushalt seine monatlichen Ausgaben senkt, indem man alles beim Discounter einkauft. Lean Management hat erkannt, dass so etwas im Unternehmen nicht zum Optimum führt. Vielmehr kann es nötig sein, an einem bestimmten Punkt im Prozess zu investieren, ja vielleicht sogar die Kosten in einem Bereich kurzfristig zu erhöhen, um die Durchlaufzeit insgesamt radikal zu senken. Geld sparen ist kein unmittelbares Ziel, sondern unterm Strich eines der Ergebnisse von Lean Management. Beim Lean Management geht es primär um Zeit, nicht um Kosten – und damit letztlich um höhere Produktivität.

Warum Durchlaufzeiten der Schlüssel sind

Sobald man es einmal durchdenkt, wird klar, warum von der Reduktion der Durchlaufzeit so viel abhängt. Unternehmen, die lean geworden sind, können mit derselben Anzahl an Mitarbeitern im Durchschnitt die Hälfte mehr produzieren. Sie können ihre Bestände reduzieren, schneller liefern und flexibler auf Kundenwünsche eingehen. Beim Thema kundenindividuelle Massenproduktion wird das besonders deutlich: Wo die Durchlaufzeit um, sagen wir, 90 Prozent reduziert wurde und die Produkte nun im One-Piece-Flow – also ein Produkt nach dem anderen – hergestellt werden, da kann ich auch gleich den Kunden sein Produkt nach Wunsch konfigurieren lassen und ihm sein unverwechselbares Einzelstück bauen und liefern. Und das Ganze auch noch so schnell, dass der Kunde nicht ungeduldig wird. Tesla erlaubt es seinen Kunden sogar, ein einmal konfiguriertes und verbindlich bestelltes Auto während eines bestimmten Zeitraums noch einmal zu verändern. Vielleicht ist dem Kunden ja eingefallen, dass seine Jeans auf hellen Lederpolstern abfärben könnte und er deshalb lieber dunkle will? Bis zum Start der Produktion dieses bestimmten Autos ist die Änderung kein Problem.

Daniel T. Jones und James P. Womack vom Lean Enterprise Institute haben Folgendes errechnet: *Wenn man die Durchlaufzeit durch Lean Management um 75 Prozent reduziert, dann erhöht sich die Produktivität um 50 Prozent, und die Herstellungskosten sinken um 20 Prozent.*

Eine um mindestens 75 Prozent reduzierte Durchlaufzeit ist in vielen Fällen realistisch. Und mit einer um 50 Prozent höheren Produktivität ist nahezu jedes Unternehmen den gestiegenen Kundenanforderungen und dem Fachkräftemangel gewachsen.

Die Zeitersparnis, um die es im Lean Management wesentlich geht, wirkt sich auch auf Kundenseite unmittelbar aus. Nehmen wir noch einmal das Beispiel One-Piece-Flow. Angenommen, die kleine Werkstatt des Rahmenbauers hat Aufträge für zehn Fahrradrahmen. Wenn der Rahmenbauer jeden Arbeitsschritt für alle zehn Rahmen parallel ausführt und am letzten Tag pulverbeschichtet, warten alle Kunden gleich lang auf ihre Rahmen. Bei einem One-Piece-Flow geht dagegen jeder fertiggestellte Rahmen sofort raus zum Kunden. Neun von zehn Kunden erhalten ihr Produkt also viel schneller als vorher. Allein der Kunde, dessen Rahmen zuletzt produziert wird, scheint genauso lange warten zu müssen wie zuvor. Da sich die Gesamtproduktionszeit dank One-Piece-Flow aber um 20 Prozent reduziert, erhält auch dieser zuletzt belieferte Kunde sein Produkt noch 20 Prozent schneller. Und der Rahmenbauer? Er arbeitet nicht nur effektiver und mit weniger Druck, sondern hat auch mehr Spaß bei der Arbeit. Seine Arbeit ist nicht monoton. Öfter ein fertiges Produkt in den Händen zu halten und an den Kunden liefern zu können, ist außerdem befriedigender. Mehr Spaß und mehr Motivation bedeuten nochmals mehr Produktivität.

Über Nacht digital?

Um das Jahr 2012 herum waren die Arbeitsbedingungen in den chinesischen Fabriken von Apple ins Kreuzfeuer der Kritik geraten. Daraufhin durfte ein Kamerateam des amerikanischen Fernsehsenders ABC erstmals in den Produktionshallen in Shenzhen filmen. Hier werden unter anderem das iPhone und das iPad produziert. So konnten die Fernsehzuschauer mit eigenen Augen sehen, was bei vielen heute noch ungläubiges Kopfschütteln auslöst: So ein Smartphone zusammenzusetzen, ist reine Handarbeit! Viele glauben, dass Hightechprodukte wie Smartphones oder Tablets von Robotern produziert werden, die technisch ebenso ausgeklügelt sind wie die Produkte selbst. Die TV-Reportage zeigte, wie das iPhone tatsächlich in 131 Schritten per Hand zusammengebaut wird. Ein iPad nehmen bis zu 325 Chinesen in die Hände, bis es fertig ist. Der taiwanesische Auftragsfertiger Foxconn, dem die Fabrikhallen gehören, produziert auch für HP, Dell, Microsoft und Sony. Über Roboter verfügt das Unternehmen praktisch nicht, dafür über die flinken Hände von 1,3 Millionen Mitarbeitern. Damit ist Foxconn der zweitgrößte Arbeitgeber der Welt. Nur die US-Handelskette WalMart beschäftigt mit 2,2 Millionen Menschen noch mehr Mitarbeiter.

Smartphones in Handarbeit produziert?!

Warum werden Smartphones in Handarbeit produziert? Dazu hört man überall die gleiche scheinbar ganz logische Erklärung: weil es am billigsten ist, chinesische Wanderarbeiter auszubeuten, die Profite dadurch am höchsten sind und die Konzerne bei alledem keine Skrupel haben. Das ist jedoch maximal die halbe Wahrheit. Die andere Seite der Medaille ist, dass es anders kaum möglich wäre, die weltweite Nachfrage nach Smartphones und Tablets zu bedienen. Komplizierte Fertigungsprozesse zu automatisieren, ist nämlich viel schwieriger, als die meisten Menschen sich das vorstellen. Im Jahr 2017 wurden weltweit mehr als 1,4 Milliarden Smartphones produziert. Die Zahlen für die Vorjahre sind nicht wesentlich geringer. In den fünf Jahren zwischen 2013 und 2017 verließen insgesamt über 6,5 Milliarden Smartphones die Produktionshallen. Selbst wenn die Industrie es wollte, könnte sie diese gigantische Produktion eines hochkomplizierten Produkts niemals von heute auf morgen automatisieren.

An diesem extremen Beispiel wird deutlich, dass wir beim Thema Digitalisierung und Automatisierung gerade erst am Anfang stehen. Gleichzeitig sind sich Experten einig, dass die Entwicklung rasant weitergehen wird. Es gilt als ausgemacht, dass die Kombination aus Informationstechnologie, künstlicher Intelligenz, Nanotechnologie und Robotik das Potenzial zu einer weiteren industriellen Revolution hat. Wer nicht heute beginnt, sich auf diese neue Zeit vorzubereiten, könnte schnell den Anschluss verlieren. Dabei gilt für den Mittelstand dasselbe wie für die Konzerne: Digitalisierung ist an eine Reihe von Voraussetzungen in der analogen Welt geknüpft. Die Produktion lässt sich nicht einfach über Nacht digitalisieren, indem man etwa einer IT-Firma sagt: »Schreibt uns mal ein Programm für einen Roboter.« Das zeigt sich schon an ganz einfachen Beispielen sehr schnell.

Lean Management als Grundlage von Industrie 4.0

Nehmen wir nur einmal einen typischen Arbeitsschritt in der metallverarbeitenden Industrie, bei dem ein Werkstück zerspant wird. Sagen wir, dort steht eine Maschine, bei der sich drei verschiedene Fräser einsetzen lassen. Ein Mitarbeiter bearbeitet dort jetzt ein Werkstück. Er ist es seit Jahren gewohnt, dazu Fräser 1 zu nehmen. Nach Schichtende löst ihn ein Kollege ab. Dieser ist es gewohnt, mit Fräser 2 zu arbeiten. Viele kennen so was ja vom Friseur: Die Urlaubsvertretung arbeitet mit der Maschine, wo der Stammfriseur die Schere nimmt oder umgekehrt. Das Ergebnis ist mehr oder weniger dasselbe. Wenn der Arbeitsschritt nun aber automatisiert werden soll, dann ist es alles andere als egal, ob mit Fräser 1 oder Fräser 2 gearbeitet wird. Ein externer Programmierer wird schlicht nicht in der Lage sein, ein Programm zu schreiben, mit dem ein Bearbeitungszentrum sowohl Fräser 1 als auch Fräser 2 benutzen kann. Erst muss also mithilfe von Lean Management der Wildwuchs beseitigt werden, dann können Digitalisierung und Automatisierung folgen. Sobald geklärt ist, mit welchem Fräser sich die Arbeit am schnellsten und einfachsten erledigen lässt, kann das Bearbeitungszentrum entsprechend programmiert werden. Deshalb ist Lean Management die Voraussetzung für eine Industrie 4.0.

Erst standardisieren, dann digitalisieren

Wer Digitalisierung will, der muss zunächst wissen, was er da überhaupt digitalisieren will. Unter Prozessexperten kursiert der Spruch: »Wenn du einen Saustall digitalisierst, bekommst du einen digitalen Saustall.« Lean Management ist auch dazu da, um vor der Digitalisierung erst einmal richtig aufzuräumen. Dieses Aufräumen, Aussortieren und Saubermachen gehört schon seit Langem zum Kernbestand der Lean-Denkweise. Auch viele Mittelständler kennen etwa das 5S-Prinzip der Arbeitsgestaltung, das direkt aus dem Toyota-Produktionssystem stammt. Die 5 S stehen für: sortiere aus (Seiri), stelle ordentlich hin (Seiton), säubere (Seiso), standardisiere (Seiketsu) und übe Selbstdisziplin (Shitsuke), die zu ständiger Verbesserung führt. Der Standardisierung kommt bei der Vorbereitung einer digitalisierten und automatisierten Produktion eine besondere Bedeutung zu. Es gilt der Grundsatz: Erst standardisieren, dann digitalisieren. Aber auch das scheinbar so banale Prinzip, dass jeder Mitarbeiter seine Maschine und seine Werkzeuge selbst reinigt, hat einen tieferen Sinn. Dadurch dass sich die Mitarbeiter jeden Tag mit ihren Arbeitsplätzen und den Maschinen beschäftigen, kennen sie diese irgendwann in- und auswendig, erkennen Fehler sofort und kommen selbst auf Ideen für Verbesserungen. Nicht zuletzt zählen die Mitarbeiter so irgendwann zu den wichtigsten Experten in der Produktionshalle.

Externe IT-Dienstleister als Patentlösung?

Ein Grundfehler, der gerade im Mittelstand auf dem Weg zu Industrie 4.0 begangen wird, besteht darin, IT-Firmen damit zu beauftragen, einfach wild drauflos zu digitalisieren. Ein externer Programmierer überlegt sich dann irgendwelche Lösungen, die von den Mitarbeitern anschließend umgesetzt werden sollen. Hier wiederholt sich dasselbe falsche Muster, das sich auch bei der Einführung von ERP-Systemen oft beobachten ließ. Am Ende mussten sich die Abläufe (und die Mitarbeiter) nach SAP richten statt umgekehrt. Wer in der Produktion irgendetwas programmieren lassen will, der braucht Lean Management als Basis und sollte die Mitarbeiter einbeziehen. Es gilt, zunächst gemeinsam mit den Mitarbeitern sinnvolle Standards zu etablieren. Fräser 1 oder Fräser 2? Die Schütte mit den Kappen links oder rechts von der Maschine? Lauter Kleinigkeiten vielleicht, die aber in der Summe die Qualität des Prozesses ausmachen. Erst wenn alle Prozesse geschmeidig laufen und sich die Durchlaufzeit radikal reduziert hat, hole ich die Programmierer ins Haus. Bevor aber die Programmierer überhaupt anrücken, können Unternehmen noch die eine oder andere Überraschung erleben. So zeigt sich vielleicht, dass ich – anders als gedacht – gar kein digitalisiertes Lager brauche, weil sich das Thema

Lagerhaltung dank der Umstellung auf One-Piece-Flow erledigt hat. Oder das Unternehmen fängt endlich an, Verschwendung und Doppelarbeit konsequent zu beseitigen. Was es nicht mehr gibt, das muss schließlich auch nicht mehr digitalisiert werden.

IT-Outsourcing ist kein Selbstläufer

Manche Unternehmen vertrauen IT-Firmen blind, ihren eigenen Mitarbeitern jedoch eher wenig. Was dabei herauskommen kann, zeigt folgende Geschichte, die ich vor einiger Zeit erlebt habe. In einem produzierenden Unternehmen wurden Antriebswellen verzahnt. Diese sollten zukünftig automatisch in die Maschine eingelegt werden. Eine externe Firma baute dafür den Roboter, schrieb die Software und stellte Mr. Robot dann fertig hin. Zunächst funktionierte auch alles wie erwartet. Als ich hinzukam, zeigte sich jedoch, dass es bei der Geometrie der Antriebswelle Verbesserungspotenzial gab, und die Welle wurde entsprechend optimiert. Dadurch veränderte sich ihre Form. Der Roboter konnte die optimierte Welle dann aber plötzlich nicht mehr richtig erkennen und sie deshalb auch nicht mehr einlegen. Allgemeines Staunen. Des Rätsels Lösung: Der Hersteller hatte den Roboter so programmiert, dass er sich anhand einer integrierten Kamera orientierte, die die Antriebswelle scannte und, sobald sie deren Ende erkannte, dem Roboter den Befehl gab, die nächsten Arbeitsschritte einzuleiten. Was aber passieren würde, wenn sich die Kontur der Welle einmal änderte und die Kamera das Ende der Welle nicht mehr erkennen würde – denn genau das war durch die Optimierung geschehen –, darüber hatte sich kein Programmierer vorher Gedanken gemacht. Umgekehrt hatte das Unternehmen die Programmierer einfach machen lassen.

Nun sagte der Hersteller des Roboters, eine Änderung des Programms sei gar kein Problem. Die Neuprogrammierung würde allerdings einen fünfstelligen Euro-Betrag kosten! Da ließ das Unternehmen die Optimierung der Antriebwelle erst einmal sein und arbeitete lieber weiter mit dem Roboter, wie er war – denn für diesen Preis rechnete sich die Änderung nicht mehr. Dieses Beispiel zeigt nicht nur, in welche Falle jemand laufen kann, der etwas digitalisiert, das analog noch lange nicht beim Optimum ist, sondern es zeigt auch, wie wichtig es ist, das Wissen aller Beteiligten über die Anforderungen der Digitalisierung zu verbessern. Wenn die Führungskräfte und Mitarbeiter kein solches Wissen haben, können externe Programmierer es auch nicht beisteuern. Dabei gilt immer: erst nachdenken, dann digitalisieren. Die Lean-Denkweise ist dazu bestens geeignet.

KAPITEL 3

Gib Kette: Agiles Vorgehen

Drei Zentimeter hoch stand das Wasser auf dem Campingplatz in Straßburg. Meine erste Etappe war in heftigem Dauerregen geendet. Am nächsten Morgen saß ich vier Stunden regungslos im Zelt. Wie sollte ich denn jetzt überhaupt weiterfahren?

Den Start meiner Tour hatte ich mir definitiv anders vorgestellt! Diese erste Etappe war die einzige, die ich im Voraus genau geplant hatte. Und dieser Plan sah vor, dass ich nach meiner Ankunft in der wunderschönen Straßburger Altstadt in einem tollen elsässischen Restaurant an einem der Kanäle sitzen und leckeren Fisch essen würde. Ich wollte es mir gut gehen lassen am ersten Abend meiner Tour und den Aufbruch ein wenig feiern. Nebenbei gefiel mir der Gedanke, dank des kleinen Umwegs noch durch ein weiteres Land zu kommen. Einschließlich Frankreich würde ich dann auf meiner Tour durch voraussichtlich zehn Länder fahren.

Der Plan von gestern

Ein wirklich schöner Plan. Und dann das. Als abends der sintflutartige Regen einsetzte, schaffte ich es statt in die Altstadt nur noch zu einer Dönerbude. Eigentlich mag ich keine Döner, aber eine Alternative sah ich weit und breit nicht. Nach dem Abendessen im Stehen verkroch ich mich völlig durchweicht in meinem Zelt. Am nächsten Morgen war dann aus dem Campingplatz ein See geworden. Und ich saß da und grübelte. Nach vier Stunden Nachdenkens im Zelt kam ich jedoch zu dem Schluss, dass es keinen Grund gab, nicht weiterzufahren. Die einzigen für mich akzeptablen Gründe wären diese drei gewesen: Ich bin krank, ich bin verletzt oder es ist gefährlich. Da nichts davon zutraf, packte ich mein nasses Zelt ein, ignorierte den Regen und fuhr weiter.

Erst viel später las ich in irgendeiner Zeitung, dass dieser Juni 2016 von Meteorologen rückblickend als »Unwettermonat mit Regenrekord« bezeichnet worden war. In den Bundesländern Rheinland-Pfalz und Nordrhein-Westfalen, durch die mich meine folgenden Etappen führten, fiel in diesem Monat so viel Regen wie noch nie seit Beginn der Wetteraufzeichnung. Doch weil ich, abgesehen von der allerersten Etappe, keinen genauen Plan gemacht hatte, welche Route ich nehmen und wann ich wo sein wollte, konnten mich die vielen Unwetter nicht aus dem Konzept bringen.

Agil heißt nicht planlos

Meine Radtour habe ich als Projekt geplant, und zwar so, wie ich auch in einem Unternehmen an ein komplexes Projekt mit vielen unbekannten Variablen herangehe. Hätte ich dabei auf die Methoden des klassischen Projektmanagements vertraut, dann hätte ich schon nach der ersten Etappe dumm dagestanden. Wenn jede Etappe bis zum Nordkap genau durchgeplant gewesen wäre – die tägliche Fahrstrecke in Kilometern, die genaue Route, die Campingplätze, die Ruhezeiten, der Besuch eventueller Sehenswürdigkeiten am Wegesrand und so weiter –, wäre meine ganze Planung am zweiten Tag obsolet gewesen. Denn wie hätte ich es wieder aufholen sollen, vier Stunden nur im Zelt gesessen und mit mir gehadert zu haben? Da ich auf agile Methoden der Projektplanung gesetzt hatte, machte mir der Zwischenfall aber nur wenig aus. Ich konnte mich schnell darauf einstellen und die weitere Route entsprechend anpassen. Das gilt übrigens auch für die vielen anderen Überraschungen, die ich unterwegs erlebt habe. So landete ich innerhalb Deutschlands – trotz Google Maps – im Schnitt einmal pro Tag in einer Sackgasse, vor einer Absperrung oder vor einem Zaun. Zudem entpuppte sich der Gegenwind als viel heftiger als gedacht. Und einmal habe ich mich überanstrengt und wäre dadurch fast vollständig aus dem Tritt gekommen. Alles das war unangenehm, aber dank agiler Vorgehensweise nicht so dramatisch. Ich konnte mit jeder unvorhergesehenen Situation gut umgehen.

Überraschungen sind die Regel

Und genau darum geht es beim agilen Vorgehen: Unternehmen, die ihre Projekte agil angehen, wissen, dass es immer anders kommt als gedacht. Sie haben sich damit abgefunden, dass unangenehme Überraschungen nicht die Ausnahme sind, sondern die Regel. Und sie stellen sich darauf ein, indem sie sich von dem Irrglauben verabschieden, ein Projekt minutiös planen zu können.

Agil heißt aber nicht planlos! Manchmal höre ich in Unternehmen das Vorurteil, bei agilen Vorgehensweisen – wie zum Beispiel Scrum – würde überhaupt nichts mehr geplant. Das ist so nicht richtig. Auch im Scrum findet eine Meilensteinplanung statt. Allenfalls in der Softwareentwicklung wird darauf manchmal verzichtet. Agile Projektsteuerung bedeutet also nicht den generellen Verzicht auf Planung. Stattdessen bedeutet Agilität im Wesentlichen, nicht mehr auf Tagesbasis vorauszuplanen. Bei meiner Radtour hatte ich nur den ersten Tag der Fahrt genau geplant. Das ging prompt daneben. An der restlichen Tour kann ich sehr gut zeigen, wie agiles Vorgehen aussieht.

Ganz zu Beginn definierte ich mein großes Ziel: Was wollte ich erreichen? Ziele spielen bei agilen Methoden eine wichtige Rolle. Genau genommen war meine Radtour nur ein Teil eines noch größeren Ziels, nämlich anhand einer eigenen Erfahrung zu zeigen, wie Unternehmen lean und agil werden. Ich wollte darüber Vorträge halten, ein Buch dazu schreiben und letztlich den Nutzen für meine Kunden erhöhen. Auf dieses ganz große Ziel komme ich im nächsten Kapitel noch einmal zurück. Hier beschränke ich mich erst einmal auf meinen Plan, allein mit dem Fahrrad zum Nordkap und zurück zu fahren. Was also brauchte ich, um dieses konkrete Projekt anzugehen? Zuallererst musste ich wissen, ob die Tour für mich überhaupt machbar sein würde. Das habe ich auf ganz großer Flughöhe geklärt: Bei Google

Maps gab ich »Freiburg im Breisgau« als Startpunkt und »Nordkap, Norwegen« als Reiseziel ein. Ergebnis: Das sind rund 3.500 Kilometer. Auf direktem Weg hin und zurück würde ich also auf etwa 7.000 Kilometer kommen. Mehr brauchte ich erst einmal nicht zu wissen. Ich schätzte dann grob, dass ich mit Schleifen und Umwegen auf insgesamt rund 10.000 Kilometer kommen würde. Mein Tagespensum taxierte ich auf ungefähr 100 Kilometer. Dann sagte ich mir: Das passt! 120 Tage habe ich. Innerhalb der mir zur Verfügung stehenden Zeit kann ich diese Tour schaffen. Haken dran.

Grobe Planung erfordert mentale Disziplin

Diese erste grobe Streckenplanung dauerte maximal eine halbe Stunde. Ich widerstand bewusst der Versuchung, mich zu diesem Zeitpunkt schon mit weiteren Details der Route zu beschäftigen. Das wollte ich alles noch gar nicht wissen. So hatte ich den Kopf wieder frei und konnte mich auf den nächsten Meilenstein konzentrieren. Die weiteren Schritte sind schnell aufgezählt: Ich brauchte ein Rad, ich brauchte Equipment, und ich musste Rad und Equipment ausgiebig testen. Das war‘s dann aber auch schon. Beim Rahmenbau dachte ich noch nicht ans Equipment, sondern entwickelte gemeinsam mit meinem Kumpel Tobi den bestmöglichen Rahmen. Beim Kauf von Zubehör und Equipment machte ich mir noch keine Gedanken über die Teststrecke. Auf meiner Teststrecke schließlich überlegte ich nicht die ganze Zeit, was zum Beispiel in Schweden jetzt anders sein könnte. Ich konzentrierte mich auf den Test. Das klingt jetzt vielleicht relativ einfach, erfordert aber eine hohe mentale Disziplin. Menschen lassen sich gerne von Dingen ablenken, die noch weit in der Zukunft liegen. Dabei vergessen sie das Hier und Jetzt.

Gummi trifft Asphalt

Als Testfahrt hatte ich mir kurzfristig fünf Tage Vogesen vorgenommen. Während rund um Freiburg im Oktober noch fast sommerliche Temperaturen herrschten, war es in den Vogesen schon relativ kalt. Das und auch die eher dünne Besiedlung passten gut zu meiner geplanten Fahrt in den hohen Norden. Ich startete in der Nähe von Freiburg mit dem nagelneuen Fahrrad und ungefähr 70 Prozent des Equipments und Gepäcks, das ich zum Nordkap mitnehmen wollte. Nach exakt zwei Kilometern war die Testfahrt fürs Erste vorbei. Ich war in ein parkendes Auto gerauscht, und die Gabel meines Rads hatte sich total verbogen. Na toll! Nach über 40 Jahren Radfahren mein erster Unfall. Wie konnte das passieren? Ich hatte auf dem neuen Fahrradcomputer herumgetippt, weil der noch nicht das machte, was ich wollte. Deshalb hatte ich das Auto übersehen. Hätte ich nun einen genauen Plan für meine fünftägige Tour durch die Vogesen gehabt, dann wäre der in diesem Moment schon hinfällig gewesen. Doch ich war auch hier agil unterwegs und hatte mich nur gefragt: Was für einen Test brauche ich, um mein Ziel zu erreichen? Ein paar Tage durch die Vogesen schien mir perfekt geeignet, doch die Route war egal. Ich hätte auch drei Mal im Kreis fahren können. So gesehen war der Unfall halb so schlimm.

»Good enough« reicht aus, um weiterzumachen

Doch woher jetzt mal eben eine passende neue Gabel nehmen? Ich hatte gerade eine Gabel im Wert von 400 Euro geschrottet. Schon zu Beginn meines Probelaufs war ich also mit der Herausforderung konfrontiert, schnell auf ein unvorhergesehenes Problem reagieren zu müssen. Erst mal schob ich mein Fahrrad nach Hause. Dann rief ich alle möglichen Bekannten an, die beruflich oder als Hobby mit Fahrrädern zu tun hatten. Ein Freund von mir hatte tatsächlich noch eine passende Gabel in der Werkstatt. Wir bauten sie sofort ein. Einen Tag später konnte ich wieder starten. So fuhr ich dann kreuz und quer durch die Vogesen und gewöhnte mich immer mehr an das Rad. Der Fahrradcomputer lenkte mich jetzt nicht mehr ab. Dafür fragte ich mich, welches Equipment ich noch brauchte. Über etwa 30 Prozent der Ausrüstung entschied ich erst während der Testfahrt, weil mir klar war, dass ich das nicht zu Hause am Küchentisch machen konnte. Mir fielen dann auch noch Dinge auf, an die ich vorher nicht gedacht hatte. So beschloss ich zum Beispiel, einen Klappstuhl mitzunehmen, damit ich während meiner Pausen nicht die ganze Zeit auf dem Boden sitzen musste. Außerdem stellte ich jeden einzelnen Gegenstand meiner Ausrüstung nochmals auf den Prüfstand: Brauche ich das wirklich oder nicht? So beendete ich meine Testtour erfolgreich und mit wichtigen Erkenntnissen. Anschließend kaufte ich den Teil der Ausrüstung, der mir noch fehlte.

Orientierung durch grobe Meilensteine

Erst zwei Wochen vor dem Start beschäftigte ich mich zum ersten Mal mit möglichen Routen zum Nordkap und zurück. Bis dahin hatte ich es vermieden, mir Landkarten anzusehen oder mit Google Maps herumzuspielen. Das hätte mich nur nervös gemacht. Zwar hatte ich schon früh die Idee gehabt, über das Baltikum und Polen zurückzufahren, ich kannte damals aber nicht einmal die geografische Reihenfolge der Länder Estland, Lettland und Litauen. In den letzten Wochen, bevor ich losfuhr, sah ich mir das dann genauer an. Doch in das Studium der Karten bin ich bewusst nicht zu tief eingestiegen. Mein Ziel war auch hier, lediglich grobe Meilensteine festzulegen.

Ich wollte zum Beispiel gerne bei meinen Eltern in Bielefeld vorbeischauen, was ich dann auch in die Tat umgesetzt habe. Auch reizte es mich, durch die kleine Ortschaft Habighorst nördlich von Hannover zu fahren. Habighorst mit dem Rad in Habighorst auf dem Weg zum Nordkap – das war tatsächlich eine Story für die lokale Presse. Ich rief zwei Tage vorher bei der Zeitung an, und dann kamen ein Reporter und ein Fotograf. Als ich Wochen später im schwedischen Östersund war, wollte ich eigentlich gen Westen nach Trondheim in Norwegen abbiegen und dann an der norwegischen Küste entlangfahren. Da meine Wetter-App aber für die Region Trondheim zehn Tage Dauerregen vorausgesagt hatte, machte ich das nicht und fuhr weiter durch Schweden, wo es zwar langweilig und voller Mücken, aber wenigstens einigermaßen trocken war. Auf dem Rückweg entschied ich ähnlich kurzfristig. Erst wollte ich geradewegs durch Finnland und dann mit der Fähre nach Estland übersetzen. Dann unterhielt ich mich am Nordkap mit zwei anderen Radfahrern. Einer sagte: »Fahr bloß nicht durch Finnland! Finnland ist noch langweiliger als Schweden, und da gibt es noch mehr Mücken.« Das klang abschreckend genug. Also blieb ich zunächst in Schweden, fuhr bis Umeå und setzte von dort mit der Fähre nach Vaasa in Finnland über. So fuhr ich schließlich nur das letzte Viertel auf dem Weg in Richtung Baltikum durch Finnland.

Vier agile Prinzipien

Was steht an?

Warum ist es so wichtig, sich immer nur auf den Schritt zu konzentrieren, der an der Reihe ist? Was passiert, wenn ich geistig schon zum nächsten und übernächsten springe? Ganz einfach: Der Berg von Aufgaben und möglichen Problemen wird größer und größer. Irgendwann ist dieser Berg so groß geworden, dass ich Angst bekomme, ihn nicht mehr bewältigen zu können. Im Extremfall führt das dazu, dass ich gar nicht erst anfange. Oder dass ich mittendrin stecken bleibe. Das Kopfkino ist übermächtig geworden und blockiert mich total. Wenn ein ganzes Team sich ständig Gedanken über Dinge macht, die noch in der fernen Zukunft liegen, dann kann auch das komplette Team irgendwann feststecken. Hinzu kommt: Die meisten Probleme, die sich unser Verstand ausmalt, treten niemals ein. Dafür tauchen ständig Probleme auf, mit denen wir entweder überhaupt nicht gerechnet haben oder zumindest jetzt im Augenblick nicht. Das allein ist Grund genug, eines nach dem anderen zu tun. Der wichtigste Schritt ist ohnehin immer der erste. Die Devise lautet: Anfangen! Das klingt vielleicht banal, doch ich kenne Leute, die ein Projekt seit Jahren planen. Sie planen, planen und planen. Die To-do-Liste wird dabei immer länger und die Lähmung immer größer. Das erste agile Prinzip lautet also: *Beschäftige dich mit dem, was gerade ansteht.*

Grobe Meilensteine planen und regelmäßig überprüfen

Wenn ich für meine Radtour jeden Tag eine 100-Kilometer-Etappe geplant hätte, wie genau hätte das ausgesehen? Schon am zweiten Tag wäre ich nicht mehr im Plan gewesen, da ich den Vormittag im Zelt verbracht hatte, statt weiterzufahren. Auch die Tage darauf kam ich nie 100 Kilometer weit. Ich fuhr ständig durch Unwetter, immer so weit, wie ich es jeweils schaffte. Dort, wo es weniger regnete, machte mir der

Gegenwind zu schaffen. Ich hätte gedacht, dass ich ungefähr gleich oft Gegenwind oder Rückenwind haben würde. Tatsächlich hatte ich während der Tour meistens Gegenwind, und zwar sowohl auf dem Hinweg als auch auf dem Rückweg. Nach etwa einer Woche sah ich deshalb bereits ein, dass ein entscheidender Parameter für mein Projekt falsch war: Die täglich gefahrenen Kilometer eigneten sich nicht als Messgröße. Der Einfluss des Wetters war so groß, dass ich meine Fahrstrecke nicht so stark beeinflussen konnte, wie ich das beabsichtigt hatte. Was ich aber bestimmen konnte, war die Zeit, die ich täglich fuhr. Es stellte sich heraus, dass fünfeinhalb bis sechs Stunden täglich plus ein Ruhetag pro Woche der ideale Rhythmus waren. Ich hatte also keine Hemmungen, einen Schlüsselparameter während des Projekts auszutauschen. Das ist agil. Und seien wir ehrlich: Das entspricht einfach nur dem gesunden Menschenverstand. Denn an etwas festzuhalten, was ich geplant habe, nur weil ich es geplant habe, ist Irrsinn. Daraus ergibt sich ein zweites agiles Prinzip: *Plane nur grobe Meilensteine und stelle selbst deinen groben Plan während des Projekts auf den Prüfstand.*

Problemlösung, die sich lohnt

Je komplexer ein Projekt ist und je länger es dauert, desto größer ist die Gefahr, sich unterwegs in Nebensächlichkeiten zu verstricken. Im Extremfall beschäftige ich mich tagelang mit Problemen, weil ich sie unbedingt lösen will, und nicht, weil die Lösung mich meinem Projektziel wirklich näherbringen würde. Wenn ich nicht aufpasse, gerate ich in einen Tunnel, in dem es mir nicht mehr gelingt, das Problem loszulassen. Auf meiner Tour war es zum Beispiel überraschend schwierig, immer genügend Strom für elektronische Geräte, wie das Smartphone oder das Tablet, zu haben. Ich hatte zwar Powerbanks und sogar ein Solarpanel dabei, aber das nützte mir wenig. Im tagelangen Dauerregen war an Solarstrom nicht viel zu gewinnen. Durch das extrem dichte Packen in den Packtaschen brachen mir außerdem ständig Kabel. Ich hätte mich da jetzt wunderbar reinsteigern und sagen können: Ich will aber Strom haben! Ich will mit dem Smartphone navigieren! Stattdessen überlegte ich, wie sehr die Stromversorgung auf mein Ziel einzahlte, und kam zu dem Schluss, dass es nicht so wichtig war, dieses Problem zu lösen. Ich besorgte mir schließlich auf jedem Campingplatz diese kleinen, kostenlosen Umgebungskarten. Am Ende waren die für die jeweils nächste Etappe sogar viel praktischer und übersichtlicher als Google Maps. Die Herausforderung ist also, immer wieder das große Ganze in den Blick zu nehmen und sich zu fragen, was wirklich wichtig ist. Demnach lautet ein weiteres agiles Prinzip: *Gehe immer wieder auf die Zielebene zurück, damit du dich nicht verstrickst.*

Die funktionierende, nicht die perfekte Lösung zählt

Wenn plötzlich unvorhergesehene Probleme auftauchen, wollen Menschen oft lieber eine möglichst gute Lösung als eine möglichst schnelle Lösung. Mal angenommen, ich zerreiße mir bei der Arbeit im Freien meine Daunenjacke. Das ist ärgerlich. Ich sage mir dann aber vielleicht: Okay, das Pech nehme ich zum Anlass, um mir eine viel schönere Jacke zu kaufen. Ich will etwas für mein Belohnungssystem tun, um mich über die zerrissene Jacke hinwegzutrösten. Deshalb lasse ich mir mit der Auswahl vielleicht auch viel Zeit und kaufe nicht die erstbeste in dem Laden, den ich am schnellsten erreichen kann. Das ist verständlich, aber nicht agil. Agiles Vorgehen bedeutet, Probleme möglichst schnell zu lösen. Nicht unbedingt perfekt, aber gut genug. Als ich auf meiner Testfahrt nach zwei Kilometern einen Unfall hatte und die Gabel verbogen war, hatte ich gar keine Zeit, sie durch eine absolut gleichwertige Gabel zu ersetzen. Sonst hätte ich die Testfahrt ausfallen lassen müssen. So war ich froh, dass mein Kumpel mit mir sofort eine andere Gabel einbauen konnte, die gut genug war. Auf der Testfahrt kam ich dann irgendwann von den Vogesen nach Lothringen. Auf meinem Smartphone hatte ich aber nur Kartendaten für das Elsass geladen. Ich hätte mich jetzt fragen können: Wo und wie kann ich auch noch Daten für Lothringen herunterladen? Das wäre aber völlige Zeitverschwendung gewesen. Besser an der nächsten Tankstelle kurz anhalten und eine Papierkarte kaufen. Die ist zwar nicht speziell für Radfahrer, aber im Moment gut genug. Das Prinzip dahinter lautet also: *Reagiere schnell auf Probleme und suche keine perfekten Lösungen, sondern funktionierende.*

Gib dem Wahnsinn keine Chance

Fotovoltaik ist seit einigen Jahren ein Riesengeschäft. Erst kamen die Solarzellen häufig aus Deutschland, heute kommen die meisten aus China. Nur die Anlagen, mit denen Solarzellen hergestellt werden, sind immer noch oft made in Germany. Wer in dem extrem schnell drehenden Markt für Fotovoltaik mithalten will, für den ist Time-to-Market ein entscheidender Faktor. Je schneller es von der Entwicklung bis zum Aufstellen einer neuen Maschine geht, desto besser. Die Grundträger für Solarzellen sind sogenannte Wafer, hauchdünne Scheiben aus Silicium. Bei einem mittelständischen Anlagenbauer hatten wir exakt sechs Monate Zeit, um für die Produktion von rückseitig polierten Wafern ein Konzept zu erarbeiten, eine entsprechende Anlage zu konstruieren, sie zu bauen, zu testen und schließlich in China aufzustellen. Die Wafer, die von der Anlage produziert werden sollten, waren dünn wie ein Haar und nur 140 x 140 Millimeter groß. Die große Herausforderung war die Zielvorgabe: 3.600 Wafer pro Stunde auf der Rückseite zu polieren. Das Ganze unter Einsatz hochgiftiger Chemikalien und selbstverständlich vollkommen ungefährlich für den Menschen und unschädlich für die Umwelt. In Kürze: Es war ein Projekt zum Wahnsinnigwerden – oder hätte es zumindest sein können, wenn wir uns vorher alle Schwierigkeiten vor Augen geführt hätten, die es in dem halben Jahr zu überwinden galt. Das taten wir aber nicht, sondern wir gingen agil vor.

Die drei Scrum-Kernfragen

Okay, sagten wir uns zum Beginn, unser Ziel steht fest: In sechs Monaten steht die Anlage in China und läuft. Jetzt brauchen wir Meilensteine. Diese hießen Konzept, Entwicklung, Beschaffung, Bau und Aufstellen. Das war alles. Wie viel Zeit von der Gesamtzeit jeder Meilenstein beanspruchen würde, legten wir nicht fest, das schätzten wir nur grob ab. Wir gingen von Tag zu Tag vor, beginnend mit einem Konzeptworkshop. Wie könnte eine solche Anlage aussehen? Das war unsere Leitfrage. Als wir Antworten hatten, stellten wir nur die wichtigsten Berechnungen an und machten die nötigsten Laboranalysen. Wir wollten so schnell wie möglich eine erste Versuchsanlage haben, mit der wir Dinge ausprobieren konnten. Nach rund drei Wochen war es schon so weit. Jetzt waren die täglichen kurzen Meetings mit dem gesamten Team ein Motor der Entwicklung. Im Scrum spricht man hier von Stand-up-Meetings (oder Daily-Scrum-Meetings). Für Scrum-Puristen müssen diese Meetings unbedingt im Stehen stattfinden und dürfen nur maximal 15 Minuten dauern. Mir sind solche Details nie so wichtig. Entscheidender ist, dass sich jeder in jedem Meeting drei Fragen stellt: Was habe ich seit gestern gemacht? Was mache ich als Nächstes? Welche Hindernisse gibt es?

Die Fragen und Anworten des Daily-Scrum-Meetings

Wir waren alle sehr erleichtert, als die Versuchsanlage geschmeidig lief. Wir begannen dann sofort mit der Beschaffung und dem Bau der großen Anlage. Auch hier wollten wir wieder so schnell wie möglich etwas Sichtbares in der Halle stehen haben. Die Aufgaben verteilten wir täglich neu, indem wir uns in den Meetings immer wieder die drei oben genannten Fragen stellten. Alle zwei Wochen kam der Kunde oder ein Vertreter des Kunden hinzu. Im Scrum ist das der sogenannte Product Owner. Für Scrum-Puristen ist es wichtig, dass die Meetings mit dem Product Owner, also dem Kunden, in genauso regelmäßigen Abständen stattfinden wie die Teammeetings. Ich sehe das weniger eng. Sinnvoll ist jedoch auf jeden Fall, dass der Kunde oder sein Vertreter alle ein bis vier Wochen dazukommt. Das Team stellt dem Kunden in den Meetings die jeweiligen Ergebnisse vor. Der Kunde kann dann immer eingreifen und bei Bedarf korrigieren, was am Ende des Projekts zu spät wäre. Ein Nebeneffekt der Kundenbesuche ist, dass es bei jedem Termin den Zwang zu möglichst neuen, vorzeigbaren Ergebnissen gibt. Idealerweise habe ich immer etwas Neues zu zeigen und auszuprobieren, wenn der Kunde kommt.

Innerhalb der vorgegebenen Zeit bauten wir dann tatsächlich eine Anlage mit einer komplett neuen Technik. Sie war 20 Meter lang, 2½ Meter hoch, 2 Meter breit und enthielt geballte Technologie: Sie arbeitete mit Ozon und anderer hochgiftiger Chemie, es gab ein ausgeklügeltes Fluidmanagement, und alles wurde selbstverständlich digital gesteuert und auf Bildschirmen visualisiert.

Die Rolle des Scrum Master

Im Scrum ist Rollenverteilung ein weiteres wichtiges Element. Ich war in diesem Projekt der sogenannte Scrum Master, das ist ein Projektleiter, dessen Rolle es vor allem ist, für flüssigen Informationsaustausch und methodisches Vorgehen zu sorgen. Hier spiegelt sich das, was man die Essenz von Agilität – und damit auch von Scrum – nennen könnte: Der Scrum Master muss weder alles können noch alles am besten wissen. Schon gar nicht ist er derjenige, der die Pläne macht. Vielmehr behält er als Projektleiter im Blick, dass alle im Team effektiv Informationen austauschen. Er schaut, dass Probleme sofort gelöst werden und es insgesamt zügig weitergeht. *Insgesamt* zügig heißt, dass die Lösung eines einzelnen Problems auch einmal länger dauern darf, wenn das auf das Gesamtziel einzahlt.

In den Informationsfluss investieren

Probleme hatten wir mit der Konstruktion der neuartigen Anlage wahrlich genug. Das Ozon zum Beispiel hielt uns auf Trab. Wir brauchten dieses hochgiftige, die Atemwege des Menschen schädigende Gas zur Behandlung der Oberflächen bei den Wafern. Irgendwann mitten im Bauprozess zeigte sich, dass unsere geplanten acht »Blubberleisten« für das Ozon nicht reichten und wir stattdessen 16 brauchten. Die doppelte Anzahl an Bauteilen war nicht das große Problem. Die Schwierigkeit bestand darin, alle Beteiligten schnell und umfassend darüber zu informieren, dass wir umgeplant hatten – schließlich mussten sich alle auf die neue Situation einstellen. Hier ist der tägliche Austausch bei der agilen Vorgehensweise einfach Gold wert. Auf Hindernisse kann das Team schnell reagieren, und alle sind sofort im Boot, wenn Änderungen anstehen. Etwa alle vier Wochen nahm sich unser Team einen halben bis einen ganzen Tag Zeit für ein ausführliches Meeting. Gemessen am klassischen Projektmanagement, ist das immens viel Zeit. Doch diese investierte Zeit holt man beim agilen Vorgehen drei Mal wieder raus. An diesen Team-Tagen steht nämlich im Mittelpunkt, was im Team alles noch besser werden kann. Ein Team, das sich ständig selbst korrigiert und dadurch immer besser harmoniert, liefert umso schneller sichtbare Ergebnisse und reagiert auf Hindernisse in immer kürzerer Zeit.

Agil ist lean

Was also sind die wichtigsten Merkmale agiler Projekte im Vergleich zu den klassisch gesteuerten? Einiges konnte ich am Bau der Produktionsanlage für polierte Wafer schon sehr gut zeigen. So ist es zum Beispiel ein wesentlicher Schlüssel, immer wieder schnell vorzeigbare Ergebnisse zu erzeugen. Je schneller es etwas gibt, mit dem sich testen und ausprobieren lässt, desto besser. Auch im weiteren Verlauf sollte es immer wieder sichtbar sein, was man gemeinsam in den vergangenen Tagen geschafft hat. Das lässt sich dann auch dem Kunden präsentieren, der regelmäßig dazukommt und Feedback gibt.

Mit dem Team und an dem Team arbeiten

Die Mischung aus täglichen kurzen Meetings sowie Workshops über einen halben oder ganzen Tag alle paar Wochen ist ebenfalls essenziell für agile Projekte. So habe ich einerseits ultraschnellen Informationsfluss, kurze Feedbackschleifen und minimale Reaktionszeiten auf Probleme. Andererseits kann ich in größeren Intervallen auch in die Tiefe gehen und das Team als Team entwickeln. Ich arbeite also täglich mit dem Team und alle paar Wochen am Team.

Der Scrum Master ist kein (klassischer) Projektleiter

Dabei hat der Projektleiter grundsätzlich eine andere Rolle als im klassischen Projektmanagement. Bei der agilen Vorgehensweise sollten Projektteams aus jeweils drei bis neun Personen bestehen. Den Teams gesteht man zu, dass sie in der Lage sind, sich selbst zu organisieren. Das Prinzip lautet: Jeder hilft jedem. Alle fragen einander täglich, ob jemand Hilfe benötigt, und bieten aktiv Hilfe an, sobald sie selbst noch Zeitressourcen haben. Der Projektleiter – im Scrum der Scrum Master – ist hier der Meister der Methoden und nicht derjenige, von dem alle die Lösung erwarten. In der Praxis ist der Projektleiter dann auch oft der Moderator. Das Ideal sieht allerdings so aus, dass ein Team keinen Moderator braucht, sondern in der Lage ist, den Informationsaustausch und sämtliche Absprachen selbst in die Hand zu nehmen. An den Stellen, an denen das noch nicht so klappt, sollte der Projektleiter dafür sorgen, dass die Kommunikation schnell und reibungslos läuft. Oft besteht seine Rolle auch darin, immer wieder den Blick auf das große Ziel zu lenken und vielleicht einzelne Teammitglieder zu fragen, inwiefern sie glauben, dass das, was sie gerade tun, auf das große Ziel einzahlt.

Dieses Rollenverständnis des Projektleiters – oder Scrum Master – stammt unmittelbar aus dem Lean Management. Unter dem Stichwort Shopfloor-Management meinen wir in der Lean-Denkweise den Grundsatz, Mitarbeiter stets vor Ort zu führen. Man trifft sich täglich an einem Board, das sich am Ort des Geschehens befindet. Das ganze Prinzip des Kaizen, der kontinuierlichen Verbesserung, basiert letztlich darauf, dass die Beteiligten sich täglich austauschen und gemeinsam viele kleine Schritte gehen. Auch beim Kaizen ist es wichtig, immer wieder schnell vorzeigbare Fortschritte zu haben, und seien sie noch so klein. Die Summe vieler kleiner Schritte bringt am Ende den großen Fortschritt. Teamautonomie ist schließlich ebenfalls ein Lean-Prinzip, das im Scrum lediglich aufgegriffen wurde. Kanban-Karten sind zum Beispiel ein Hilfsmittel, das weit über Toyota und das Lean Management hinaus populär geworden ist. Mithilfe dieser Karten lässt sich wunderbar eine Produktion steuern. Oder es lassen sich Aufgaben in sich selbst organisierenden Teams verteilen. Jemand nimmt sich dann eine Karte mit einer Aufgabe und heftet sie am Kanban-Board unter seinem Namen ab.

Agil ist also lean und lean ist agil. Es gibt keine strenge Trennung zwischen Lean Management und agilen Vorgehensweisen wie beispielsweise Scrum. Tatsächlich haben die meisten agilen Methoden ihre Wurzeln im Toyota-Produktionssystem. Manches, was heute gehypt wird und aus der Softwareentwicklung in die Produktion überschwappt, stammt eigentlich aus dem Lean Management. Doch letztlich ist diese ganze Diskussion müßig und eher etwas für Masterthesen. Ich spreche in diesem Buch durchgehend davon, wie Unternehmen lean *und* agil werden, weil beides in der Praxis längst untrennbar miteinander verbunden ist. Spannend finde ich, zu beobachten, wie agile Prinzipien gerade immer größere Kreise ziehen. Das geht über einzelne Projekte weit hinaus und berührt längst auch das strategische Management von Unternehmen.

Planbarkeit vs. VUCA

Auch unternehmensweit müssen wir uns von alten Vorstellungen der Planbarkeit verabschieden. VUCA (Volatility, Uncertainty, Complexity, Ambiguity) lautet das neue Akronym für eine Welt, die immer unbeständiger, unsicherer, komplexer und mehrdeutiger wird. Agil sein heißt hier, zu wissen, dass sich ein System durch Beobachtung bereits verändert. Pläne, die heute noch stimmig erscheinen, können morgen schon hinfällig sein, weil jede kleine Veränderung immer mehr unabsehbare Folgen hat. Agil sein heißt also auch, einfach mal etwas zu verändern und dann zu beobachten, was passiert. Daraus gilt es dann die richtigen Schlüsse zu ziehen. Agilität kann heute sogar heißen, verschiedene Unternehmensstrategien gleichzeitig zu verfolgen. Früher wäre das undenkbar gewesen, ja man hätte es als eine Hauptaufgabe von Managern definiert, sich gefälligst auf eine Strategie festzulegen. Ein Automobilkonzern zum Beispiel kann aber im Moment überhaupt nicht abschätzen, wie die Mobilität der Zukunft genau aussehen wird. Welche Rolle wird Individualverkehr in einer Smart Mobility spielen? Werden Fahrzeuge mit Strom, Wasserstoff oder neuartigen Biofuels fahren? Werden sie autonom oder teilautonom gesteuert? Es bleibt den Unternehmen kaum etwas anderes übrig, als mehrere Szenarien parallel zu verfolgen, um irgendwann in die Richtung schwenken zu können, die der Markt nehmen wird. So stehen wir mit den Möglichkeiten agilen Vorgehens wahrscheinlich erst am Anfang. Das Thema dürfte die Unternehmen noch lange begleiten.

KAPITEL 4

Freiburg–Nordkap und zurück: Langfristige Ziele

Samstagnachmittag, kurz nach halb drei. Die Sonne schien, 26 Grad, es wehte ein angenehm frischer Wind. Der perfekte Tag für eine Radtour. Und ich saß schon seit Stunden in der Werkstatt und schliff an einem winzigen Stück Blech herum. Mein Kollege Tobi hatte die Verzierung vorne auf den Fahrradrahmen gelötet, und jetzt musste das ganze überschüssige Lot wieder weg. Was für eine elende Schmirgelei!

War ich da völlig von der Rolle? Lean sein bedeutet doch, Zeitverschwendung zu eliminieren. Und da verbrachten wir einen ganzen Arbeitstag damit, eine winzige Verzierung am Steuerrohr anzubringen? Als ob es bei der Vorbereitung einer Radtour über fast 10.000 Kilometer nicht Wichtigeres zu tun gäbe!

Die Sache war allerdings: Das winzige Stück Blech war wichtig. Super wichtig sogar. Es war nämlich das Logo für meine Radtour. Und was könnte es anderes symbolisiert haben als die Nordkapkugel? Das Zielbild für mein großes Ziel!

Erhaben, metallisch glänzend, wie ein edles Relief, so sollte das Logo vorne auf dem Rahmen erscheinen. So stellte ich mir das vor. Zunächst hatten wir auf Papier einen Entwurf gezeichnet. Als ich damit zufrieden gewesen war, hatte ich das Logo aus Edelstahlblech herauslasern lassen. Das filigrane Teil musste dann aufgelötet werden. Klingt einfach, ist es aber nicht. Ich hatte dafür das Logo biegen müssen, da war es abgeknickt. Nächster Versuch. Als das Logo endlich die gleiche Krümmung wie das Stahlrohr besessen hatte, hatte Tobi es an die dafür vorgesehene Stelle gelötet. Auch das war verdammt knifflig gewesen. Und danach hieß es für mich eben schleifen, schleifen, schleifen. Schön vorsichtig per Hand. Bis das Logo wieder ganz zum Vorschein kam und sich silbrig glänzend vom Rahmen abhob.

Und jetzt behaupte ich, das alles sei keine Zeitverschwendung gewesen. Wie kann das sein? Ein wichtiges Ziel von Lean Management ist es doch, Zeit maximal effizient zu nutzen und Verschwendung zu vermeiden – ja. Gleichzeitig zählt es aber zu den wichtigsten Lean-Prinzipien, langfristige Ziele zu setzen und zu verfolgen. Wenn ich langfristige Ziele erreichen will, muss ich nicht nur genau wissen, wo ich hinwill, sondern ich muss auch eventuelle kurzfristige und kleine Ziele, die nicht auf das langfristige Ziel einzahlen, an die Seite schieben. Um das durchzuhalten und sich nicht irgendwann zu verzetteln, hilft es enorm, sich auf das langfristige Ziel einzuschwören. In der Lean-Denkweise zählt immer die langfristige Veränderung. Kurzfristig kann es dennoch nötig sein, Geld auszugeben, statt Kosten zu drücken. Oder eben Zeit zu investieren, um an scheinbaren Kleinigkeiten zu tüfteln.

Sich auf ein Ziel einschwören

Das Logo an meinem Fahrrad anzubringen, war eine kleine Zeremonie. Der Zeiteinsatz von einem Tag mag zunächst übertrieben erscheinen. Aber schauen wir genauer hin. In vielen Unternehmen bekommen Projekte einen Slogan, ein Logo, ein Maskottchen oder alles drei. Meistens erlebe ich, dass sich niemand damit allzu lange aufhalten will. Das Tagesgeschäft drängt und Zeit ist grundsätzlich knapp. Da klickt dann jemand mal eben in PowerPoint ein Logo zusammen. Die Chefs denken sich dazu am Konferenztisch einen Slogan aus, der super strategisch klingt, aber auch irgendwie nichts aussagt. Ganz ehrlich: Wenn man das so macht, kann man es sich auch sparen, denn etwas ganz Entscheidendes fehlt dabei: Erst wenn sich alle Beteiligten ausreichend lange und mit möglichst allen Sinnen mit ihrem langfristigen Ziel beschäftigen, entsteht das nötige Commitment.

Ich habe meinen Slogan »Freiburg–Nordkap und zurück« während der anderthalbjährigen Vorbereitung meiner Tour immer wieder verwendet. Und das Logo? In Wirklichkeit habe ich gar nicht stundenlang mit dem Anlöten eines kleinen Stücks Blech verbracht. Sondern ich habe mich einen ganzen Tag lang *haptisch* mit meinem Zielbild befasst! So konnte ich mich intensiv auf mein langfristiges Ziel einschwören. Es ging um Willenskraft und um Fokus. Auf meiner monatelangen Tour sollte sich das immer wieder auszahlen.

Das grüne Elend

»Ist das langweilig!«, stöhnte die Frau. Müde Augen sahen mich an. Sie und ihr Partner waren mit dem Wohnmobil auf einem Trip quer durch Skandinavien. Wir standen irgendwo in Nordschweden am Rand der Fernstraße, und der Tag neigte sich dem Ende zu. In der Einsamkeit der schwedischen Wälder kommt man mit anderen Durchreisenden schnell ins Gespräch. »Wir sind jetzt den ganzen Tag nur durch Fichtenwälder gefahren«, erzählte mir die Frau. »Das hält ja kein Mensch aus! Da wirst du verrückt! Nur dieser Wald. Rechts und links nichts als dürre Fichten, von früh bis spät. Nie mal die kleinste Abwechslung.« Sie schien wirklich zu leiden.

Ich nickte. »Stimmt«, sagte ich, »es ist langweilig hier. Ich fahre jetzt seit neun Tagen am Stück nur durch diese Fichtenwälder.«

Meine Zufallsbekanntschaft brauchte einen Moment, bis sie verstand, was ich gesagt hatte. Fuhr ich immer im Kreis? Ich erklärte ihr, dass ich auf zwei Rädern unterwegs sei. Nein, nicht mit dem Motorrad. Sondern mit dem Fahrrad. Da begriff sie. Kopfschüttelnd ging sie zurück zu ihrem Wohnmobil. »Was für ein Freak ...«, schien sie zu denken. Und ganz ehrlich: Ich hätte jetzt gerne mal für einen Tag mit einem spießigen Wohnmobilfahrer getauscht. Einfach zurücklehnen, Tempomat einschalten, Lieblingsmusik hören und mit 100 Sachen durch diese unglaubliche Ödnis von Wald düsen. So lange, bis es sich irgendwo anbietet, einen Abstecher zu machen. Zu etwas, das wie Landschaft aussieht. Oder wie Architektur. Mein Ziel war jedoch ein anderes: Ich wollte die knapp 10.000 Kilometer schaffen, die ich mir vorgenommen hatte. Darauf war ich eingeschworen, und davon ließ ich mich jetzt nicht mehr abbringen. Trotzdem war die Langeweile hier oben nur schwer zu ertragen.

Niemals hätte ich mir Schweden so vorgestellt! Ich hatte an putzige rote Holzhäuschen mit weißen Fenstern gedacht, an idyllische Waldlichtungen, kleine Seen, an denen sich ab und zu ein Elch erfrischt. Und natürlich an leckere Beeren zum Selberpflücken. Das übliche Schwedenklischee eben. Nichts davon gab es hier im Norden. Die Landschaft war leicht wellig und so dicht bewaldet, dass man das Gefühl hatte, in einen grünen Tunnel geraten zu sein, aus dem man nie mehr herauskommen würde. Auf der Fernstraße ging es immer geradeaus durch den Fichtenwald. Stundenlang. Tagelang. Lichtungen gab es ganz selten mal. So alle 150 Kilometer kam ein kleines Dorf. Nicht mit putzigen Schwedenhäuschen, nein, total hässlich. Häuser wie Baracken, verstreute Zweckbauten, Holzverschläge. Dazu vielleicht noch eine schäbige Tankstelle und ein kleiner Laden. Und von Elchen keine Spur. Dass es die hier geben sollte, war bestimmt so eine Propagandalüge der schwedischen Tourismusindustrie.

Wie gerne hätte ich zumindest ab und zu mal etwas anderes gesehen! Ich studierte meine Karten. Tatsächlich gab es in der Region die eine oder andere Sehenswürdigkeit. Hier mal einen Aussichtpunkt, dort mal einen kleinen See oder ein historisches Gemäuer. Der Haken war bloß: Nichts davon lag an der Fernstraße, über die ich fuhr. Entsprechend groß war die Versuchung für mich, ab und zu einen Umweg zu machen, um aus dem grünen Tunnel herauszukommen. Vielleicht mal zu einem Aussichtsturm fahren und ein paar Fotos machen? Immer wieder schossen solche Ideen durch meinen Kopf. Aber alles, was Abwechslung versprochen hätte, lag mindestens zehn Kilometer abseits meiner Route. 20 Kilometer hin und zurück bedeuteten bei meinem Durchschnittstempo von 18 bis 20 km/h über eine Stunde Zeitverlust.

Intensive Zielarbeit zahlt sich aus

Mehrmals war ich innerlich am Limit. In dem Zustand dachte ich: Ich halt's nicht mehr aus! Ich muss jetzt mal was anderes sehen. Aber selbst in solchen Momenten war ich immer in der Lage, innerlich ein Stück zurückzutreten. Jetzt zahlte sich meine intensive Zielarbeit vor Beginn der Tour aus. Ich fragte mich dann immer: Bringt mich dieser Umweg meinem Ziel näher? Die Frage war nie schwer zu beantworten. Wenn ich Umwege gemacht hätte, dann wäre das zwar im Augenblick entspannend gewesen. Aber es hätte mich meinem langfristigen Ziel nicht nähergebracht. Der Zeit- und Energieverlust wäre hoch gewesen. Ich wollte zum Nordkap. Und ich befürchtete, es nicht zu schaffen, wenn ich kräftezehrende Umwege in Kauf nähme. Also blieb ich lieber auf meiner Strecke. Ich fuhr einfach weiter, tagelang stur durch den Fichtenwald.

Langfristige Ziele brauchen klare Prioritäten

Verzicht ist angesagt, wenn man langfristige Ziele erreichen will. Verzicht kann hart sein. Für mein langfristiges Ziel verzichtete ich auf vieles, nicht nur allein auf Sehenswürdigkeiten am Rande der Route. Das Nordkap war ja nicht einmal mein letztes Ziel, wenn auch das größte Teilziel. Mit der Radtour insgesamt verfolgte ich das langfristige Ziel, eine einprägsame Analogie für Lean Management zu finden und erzählen zu können – die nicht aus dem Business kommt. Keine konstruierte Story, sondern ein selbst erlebtes Abenteuer. Darüber wollte ich Vorträge halten und ein Buch schreiben. Meine Mission war es, für meine Kunden und die Fachöffentlichkeit den Lean-Gedanken auf eine neue Art zu vermitteln und so einen Mehrwert zu generieren. Immer wenn der leise Gedanke aufkam: »Was mache ich hier eigentlich?«, konnte ich auf diese noch höhere Zielebene zurückgehen. Zum Glück stellte ich den Sinn der Tour nicht ständig infrage. Aber in den öden Fichtenwäldern von Nordschweden hätte ich mich leicht auch verzetteln können. Da brauchte ich klare Prioritäten.

Und genau das ist die Kunst, wenn es gilt, langfristige Ziele zu verfolgen: Prioritäten setzen. Auf meiner Radtour zog ich das durch. Aber auch schon bei der Vorbereitung der Tour verzichtete ich auf vieles. Anderthalb Jahre lang ging mindestens die Hälfte aller Wochenenden für die Vorbereitung drauf. Ich musste den Rahmen bauen, das Rad montieren, Equipment recherchieren und kaufen sowie schließlich auf einer Testtour alles auf seine Praxistauglichkeit überprüfen. Ich hatte keine freien Tage und machte keinen Urlaub mehr. Obwohl mein Geld niemals knapp war, gab ich während dieser Zeit aus Prinzip nichts für

Hobbys aus. Der Fokus sollte voll auf der Tour liegen. Ich wusste genau, was wichtig war und was nicht. Ein langfristiges Ziel gibt Orientierung. Das ist der springende Punkt.

Konzentration, bitte!

Die Projektzoos der Führungskräfte

Wo ich in der letzten Zeit auch unterwegs war, habe ich Unternehmer und Manager mit tollen Ideen getroffen. Die meisten Führungskräfte wollen ihre Ideen umgesetzt sehen. Das ist verständlich. Deshalb heben sie oft ein Projekt nach dem anderen aus der Taufe. Unter so manchem Unternehmensdach lässt sich ein wahrer Projektzoo bestaunen. Für sich betrachtet erscheinen die einzelnen Projekte oft auch total sinnvoll. Es stecken gute Ideen dahinter. Seriös kalkuliert ist das meiste auch. Doch fast überall ist es schlicht des Guten zu viel! Manager und Mitarbeiter verzetteln sich. Die Beschäftigung mit langfristigen Zielen kommt nach meiner Beobachtung in vielen mittelständischen Unternehmen zu kurz. Das große, lohnende, aber auch nicht immer leicht zu erreichende Ziel verschwindet im Nebel, während man sich mit Inbrunst vielen schönen Dingen widmet, die zunächst einmal mehr Spaß machen. Lean sein heißt dagegen immer Konzentration. Fokus. Aussortieren. Das gilt auch und gerade für Ziele. Unternehmen, die schlank und agil werden wollen, müssen erst einmal lernen zu verzichten.

Wenn ich gesagt hätte, ich will mit dem Fahrrad zum Nordkap und zurück, aber im selben Jahr auch für den Berlin-Marathon trainieren und mit dem Auto an einer Afrika-Rallye teilnehmen, dann hätte das nicht funktioniert. Wer zu vieles gleichzeitig will, der hat kein Ziel mehr, auf das er sich voll konzentrieren kann. Leider macht es manchen Menschen mehr Spaß, Pläne zu schmieden, als ihre Pläne über einen langen Zeitraum konsequent umzusetzen. Wir wollen eben immer wieder etwas Neues erleben. Gleichzeitig – das ist das Paradoxe – halten wir gerne am Gewohnten fest, auch wenn es längst nichts mehr bringt. Denn auch das ist bequem. In aller Regel ist es einfacher, das abzuarbeiten, was vor meiner Nase liegt, als mich ständig zu fragen, ob meine

Arbeit auf ein langfristiges Ziel einzahlt. Und dementsprechend auch einmal etwas aufzugeben, das mich bisher schon viel Mühe gekostet hat. Dass ich irgendwann mal mit etwas angefangen habe, ist noch lange kein Grund, damit weiterzumachen. Am schlimmsten ist es, wenn ich gar kein langfristiges Ziel mehr habe. Dann bin ich orientierungslos. Mir fehlt der Maßstab, um zu entscheiden, ob etwas jetzt wichtig ist oder nicht. Bildlich gesprochen: Ich säge den ganzen Tag wie blöd mit einer stumpfen Säge vor mich hin und nehme mir keine Zeit mehr, die Säge zu schärfen.

Das A und O: Prioritäten setzen

Also gilt: Prioritäten setzen! Mal angenommen, ich bin ein kleiner Mittelständler in der Metallverarbeitung. Ein Kunde steckt mir im Nebensatz, meine Website sei ja echt von gestern. So eine digitale Antiquität habe er schon lange nicht mehr gesehen. Na, danke schön, lieber Kunde! Abends schaue ich mir meine eigene Website nach längerer Zeit mal wieder an, besuche auch die Seiten von ein paar Wettbewerbern und komme zu dem Schluss, dass der Kunde vermutlich recht hat. Meine Website ist technisch und optisch nicht mehr aktuell. Bloß, ist das jetzt ein Grund, sofort in Aktivität zu verfallen und sich um eine neue Website zu kümmern? Wer schon einmal einen – guten – Webdesigner beauftragt hat, der weiß, dass dieser lange Gespräche mit seinem jeweiligen Auftraggeber führt, um ihn zu verstehen und seine Bedürfnisse kennenzulernen. Er braucht umfassenden Input, um die Einzigartigkeit eines Kunden im Netz abbilden zu können. Einen neuen Internetauftritt bestelle ich nicht mal eben so. Das ist ein längerer Entwicklungs- und Abstimmungsprozess, bei dem ich dem Webdesigner Rede und Antwort stehen muss. Ich muss Texte liefern, eigene Ideen einbringen und immer wieder Zwischenergebnisse begutachten.

Deshalb stellt sich die Frage: Ist das jetzt im Moment gut investierte Zeit? Oder welche wichtigeren Dinge sind im Augenblick zu tun? Wenn ich mir diese Frage ernsthaft stelle, könnte ich zu dem Schluss kommen, dass ich mit der alten Website noch eine Weile gut leben kann. Lieber konzentriere ich mich zum Beispiel darauf, meine Lieferzeiten deutlich zu reduzieren. Kurze Lieferzeiten machen meine Kunden glücklich und lösen gleich noch ein paar andere meiner Probleme. Der Effekt einer neuen Website ist dagegen schwer einzuschätzen. Legen meine Kunden wirklich so viel Wert darauf? Also sage ich mir: Das kann warten. Allerdings muss ich jetzt auch die innere Stärke besitzen, den Spott meines Kunden einfach zu ignorieren. Seine Bemerkung nagt vielleicht an meinem Ego, aber das darf mir nichts ausmachen.

Prioritäten auch in Boomzeiten durchhalten

Ist es in wirtschaftlichen Boomzeiten einfacher oder schwieriger, Prioritäten zu setzen? Darauf gibt es keine eindeutige Antwort. Einerseits kenne ich viele Unternehmen, die gar nicht wissen, wie sie ihre vielen Aufträge abarbeiten sollen. Sie haben weder genügend Personal, noch sind sie schon so schlank aufgestellt, dass sie den Ansturm mit weniger Manpower bewältigen könnten. Das Gefühl, vom eigenen Erfolg überrannt worden zu sein, kann hier durchaus den nötigen Druck erzeugen, sich zu fokussieren. Andererseits gibt es auch diejenigen, die nur so vor Ideen sprudeln, wofür sie das viele verdiente Geld ausgeben möchten. Man könnte sich zum Beispiel mal so ein richtig schickes Verwaltungsgebäude hinstellen. Groß in Mode sind im Mittelstand gerade Verwaltungsgebäude, die eher wie Museen aussehen: viel Glas, viel Kunst, wenig Büro. Die Architekten freut es. Die Mitarbeiter nicht unbedingt, denn Neubau heißt eine Menge Stress, bis alles fertig ist, alles seinen Platz hat und jeder dort sitzt, wo er soll. Klar, das kann auch eine große Chance sein, Dinge zu vereinfachen und Abläufe zu verbessern. Aber oft führt eben der Repräsentationswille der Chefs dem Architekten den Stift. Verzicht ist weder einfach noch leicht durchzuhalten. Das gilt selbst dort, wo es an gutem Willen nicht mangelt.

Im Ausnahmezustand

Mit hochrotem Kopf platzte der Vertriebsleiter in den Konferenzraum. »Seid ihr bescheuert?«, brüllte er in Richtung Produktionsleiter, neben dem ich saß. »Wie lange sollen die Lieferzeiten denn noch werden? Uns laufen gerade die Kunden weg. Kapiert das endlich und hört auf mit euren Experimenten!« Ich schaute zum Geschäftsführer des Anlagenbauers. Keine Regung in seinem Gesicht. Noch vor ein paar Wochen waren hier alle wie eine harmonische Familie gewesen. Da hatten die Lieferzeiten aber auch noch acht Wochen betragen. Inzwischen lagen wir damit bei 14 Wochen. Unser langfristiges Ziel hieß vier Wochen. Um das zu erreichen, mussten wir jetzt erst mal in den sauren Apfel beißen – mir war das klar. Aber offensichtlich dem Vertriebsleiter nicht. Der Geschäftsführer bat ihn, sich erst mal zu setzen, und schob ihm ein Glas Wasser zu. Ich versuchte, das Gespräch zu versachlichen, sprach von kurzfristigen negativen Effekten, die bei der Einführung von Lean Management unvermeidlich seien. Dafür gebe es aber Lösungen. Wir könnten die interne und externe Kommunikation verbessern. Und es seien auch noch nicht alle Maßnahmen ausgeschöpft, um die Lieferzeiten zeitnah wieder etwas zu verkürzen.

Die Einführung von Lean Management *ist* schwierig

Es nützte nichts. Jedenfalls nicht im Moment. Weder beruhigte sich der Vertriebsleiter, noch änderte er seine Meinung. Im Gegenteil, er kam jetzt erst so richtig in Fahrt: »Wenn ihr mit eurem Scheiß hier fertig seid, haben wir keinen einzigen Kunden mehr«, behauptete er. »Ihr wisst genau, wo ich heute Nachmittag war. Und ihr wisst auch, wie lange das schon unser Kunde ist. Nämlich fast 20 Jahre. Was ihr noch nicht wisst: Er war die längste Zeit unser Kunde. Der nächste Auftrag geht nämlich an die Konkurrenz. Das hat mir der Chef heute persönlich gesagt. Und der war stocksauer. Früher hätte man sich immer auf uns verlassen können. Jetzt aber nicht mehr ...« Mein Bauchgefühl sagte mir: Hier würde heute noch eine Entscheidung fallen. Wollten wir gemeinsam weitermachen mit Lean Management? Oder war's das – würden wir an dieser Stelle abbrechen? Ich wünschte, ich hätte in solchen Situationen ganz einfache Lösungen anzubieten, die jeden umgehend wieder ins Boot holen. Aber diese einfachen Lösungen gibt es nicht. Es *ist* schwierig. Es gilt, sich zu entscheiden, das langfristige Ziel weiter zu verfolgen – oder zu kapitulieren und das Rad zurückzudrehen, weil das Gefühl überhandnimmt: Früher war es nicht optimal, aber es war besser als jetzt. Was gerade passiert, werden wir nicht überleben.

Ich versuchte also gar nicht erst, die Situation schönzureden. Der Optimierungsprozess kostete erst einmal Kapazitäten, da es Altlasten aufzuarbeiten gab. Daran war nicht zu rütteln. Und die wenigen Optionen für eine kurzfristige Produktivitätssteigerung waren unzureichend: Theoretisch könnte man neue Mitarbeiter einstellen. Aber das Unternehmen war in einer wirtschaftsstarken Region angesiedelt und litt ohnehin schon unter dem Fachkräftemangel. Es war schwierig genug, die bestehenden Mitarbeiter zu halten. Früher beschäftigten sich die Leute in dieser Gegend nur mit Stellenangeboten, wenn sie arbeitslos waren. Inzwischen war es üblich, sich regelmäßig umzuschauen, was es in der Nachbarschaft an gut bezahlten Jobs für Facharbeiter gab. Also Zeitarbeiter. Aber auch die waren knapp. Die wenigen, die es gab, brachten meist nicht die nötigen Qualifikationen mit, um kurzfristig etwas zu reißen. Blieben noch Überstunden. Selbst da war nur noch begrenzt Luft. Außerdem war es ein hohes Risiko, die Mitarbeiter in einer angespannten Situation noch weiter zu belasten. Stellenangebote gab es anderswo nun einmal genug. Das schwebte wie ein Schwert über unseren Köpfen.

Zwei zusätzliche Optionen hatten wir noch: weniger wichtige Projekte zu beenden, um uns ganz auf die Einführung von Lean Management zu konzentrieren. Und intensiv mit unseren Kunden zu kommunizieren und damit um Verständnis für die Situation zu werben – die langfristigen Vorteile zu schildern, die wir uns versprachen, ja notfalls um jeden einzelnen Kunden zu kämpfen. Doch hier kamen Eitelkeiten ins Spiel. Die »Nice-to-have«-Projekte, die man hätte beenden können, betrafen die Steckenpferde einzelner Führungskräfte. Wer war bereit, auf seine Herzensanliegen zu verzichten und zugunsten eines langfristigen Ziels zurückzustecken? Für den erfolgsverwöhnten Vertrieb wiederum wäre es sehr schwer gewesen, gegenüber den Kunden andere Töne anzuschlagen. Dieser Anlagenbauer war hoch spezialisiert, ein Hightech-Vorzeigeunternehmen, das herausragende Qualität lieferte. Entsprechend selbstbewusst trat der Vertrieb gegenüber den Kunden auf. Nicht, dass man auf dem hohen Ross gesessen hätte. Aber bei Kunden um Verständnis für eigene Probleme zu werben, wäre für den Vertrieb etwas völlig Neues gewesen.

Das Commitment des Geschäftsführers

Bis spät am Abend saßen wir da. Draußen war es längst dunkel, und auf dem Werksgelände herrschte eine eigenartige Stille. Irgendwann richtete sich der Geschäftsführer in seinem Stuhl auf. Es war klar, dass er eine Entscheidung getroffen hatte. »Wir müssen jetzt durch dieses Tal«, sagte er. »Und wir wollen und wir kommen auch durch das Tal. Gemeinsam werden wir das schaffen!« Nach diesem Einschwören lenkte er die Aufmerksamkeit auf das große Ziel. Das Unternehmen lean und agil neu aufzustellen, würde für alle Seiten Verbesserungen bringen, auch und gerade für die Kunden. Mit der Zielgröße von vier Wochen Lieferzeit würde aktuell kein Wettbewerber mithalten können. Während der schwierigen Übergangszeit sollte das Unternehmen alles versuchen, was die Situation kurzfristig entschärfen könnte. Auch das, was zunächst aussichtslos erschienen war. »Wo ein Wille ist, da öffnen sich auch Türen«, sagte er. Schließlich versprach er, sich in den nächsten Wochen persönlich um bessere Kommunikation zu kümmern. Das habe jetzt »Prio 1« bei ihm. Er werde mit allen Mitarbeitern noch öfter reden. Und er wolle gemeinsam mit dem Vertriebsleiter zu den wichtigsten Kunden fahren und sie überzeugen, dass es sich lohne zu warten. Der Vertriebsleiter runzelte die Stirn. Aber er versprach schließlich, mitzumachen und wie immer sein Bestes zu geben.

Das Prinzip Langfristigkeit

Katsuaki Watanabe arbeitet seit seinem Studienabschluss im Jahr 1964 bei Toyota. Zwischen 2005 und 2009 war er Präsident und CEO des Autobauers. Danach blieb er als »Senior Advisor« im Unternehmen. Diese Position bekleidet er heute, nach seinem 75. Geburtstag, immer noch. In einem Interview mit der *Süddeutschen Zeitung* sagte Katsuaki Watanabe über den einzigen Arbeitgeber seines langen Berufslebens: »Toyota ist als ein Familienunternehmen entstanden, und wir bemühen uns, den Geist der Gründer zu bewahren. Diese Denkweise prägt den sogenannten Toyota-Weg und findet sich im Produktionssystem wieder.« Was genau ist dieser »Geist der Gründer«, der eher typisch für Familienunternehmen ist und nicht für börsennotierte Konzerne? Es ist vor allem das Prinzip Langfristigkeit. Langfristiges Denken ist ein Kernbestandteil des Toyota-Wegs. Es gibt nur drei andere Prinzipien, die ähnlich wichtig sind: »Respect for People«, also Menschlichkeit und Gemeinsamkeit, wie in Kapitel 1 beschrieben. Dann: Verzicht auf möglichst alles, was bei Prozessen nicht wertschaffend ist. Und schließlich Problemlösung mit dem Ziel kontinuierlicher Verbesserung (Kaizen). Darauf gehe ich im nächsten Kapitel näher ein.

Langfristige Ziele und Verzicht gehören zusammen

Langfristige Ziele und Verzicht stehen in einem engen Zusammenhang. Ich muss kurzfristig bereit sein, auf etwas zu verzichten, um an einem langfristigen Ziel dranzubleiben. Und ich sollte mir meine langfristigen Ziele so setzen, dass es wirklich große Ziele sind, die mich vor echte Herausforderungen stellen. Nur für große Ziele lohnt es sich, zu verzichten und weniger Wichtiges auszusortieren. Es gibt wahrscheinlich kein anderes Weltunternehmen, das diese Philosophie schon so lange und so konsequent lebt wie Toyota.

Toyotas langfristige Ziele

Ein Beispiel: Das Ziel der Just-in-time-Lieferung von Materialien und Teilen für die Automobilproduktion formulierte Kiichirō Toyoda bereits 1938 in seiner Rede zur Einweihung des neuen Toyota-Werks in Koromo, heute Toyota City. Es dauerte Jahrzehnte, das Just-in-time-Prinzip zu etablieren und zu perfektionieren. Viele Voraussetzungen der Transportlogistik und der Kommunikationswege waren 1938 noch gar nicht im nötigen Umfang gegeben. Heute ist die Just-in-time-Lieferung aus dem Automobilbau, aber auch aus vielen anderen Branchen der produzierenden Wirtschaft nicht mehr wegzudenken. Dabei werden immer wieder die neuesten technischen Möglichkeiten eingesetzt, um Teile just in time an einen Produktionsstandort zu bringen.

Bei Toyota stand über Jahrzehnte im Mittelpunkt der Aufmerksamkeit, das mittlerweile schon fast legendäre Produktionssystem zu entwickeln. Dafür verzichtete man unter anderem lange Zeit darauf, Designpreise für seine Autos einzuheimsen. Die Toyota-Modelle der 1960er- und 1970er-Jahre waren – von wenigen Ausnahmen abgesehen – nicht gerade eine Augenweide. Und das ist noch nett formuliert. Auch mit technischen Innovationen trat Toyota in den Jahrzehnten, in denen der Autobauer sein einzigartiges Produktionssystem zur Reife brachte, nicht wirklich hervor. Ein Toyota war zuverlässig und gut ausgestattet, aber nicht sonderlich innovativ. Ob nun ABS, Airbag, Direkteinspritzung oder die Senkung des cw-Werts unter die magische Marke von 0,30 – alle diese Innovationen kamen aus Deutschland und nicht aus Japan.

Heute haben Fahrzeuge von Toyota ein auffälliges und markantes Design. Es gefällt sicher nicht jedem. Aber es folgt einer unverwechselbaren Formensprache, die auf das Markenkapital einzahlt. Seit der ersten Generation des Prius Ende der 1990er-Jahre ist Toyota zudem Vorreiter beim Hybridantrieb. Mittlerweile erstreckt sich die Vorreiterrolle auch auf andere alternative Antriebstechniken. So ist der in Basisausstattung fast 80.000 Euro teure Toyota Mirai der erste Großserien-Pkw mit Wasserstoffantrieb. Toyota hat über Jahrzehnte Prioritäten gesetzt: Erst die Lean-Produktion, dann verstärkte Aufmerksamkeit auf das Design. Erst hohe Qualität und Zuverlässigkeit, dann technische Innovationen. Eins nach dem anderen. Nie zu vieles gleichzeitig. Heute ist Toyota – laut der jährlichen Studie von *Interbrand* – die wertvollste Automarke der Welt. Das ist kein Zufall. Sondern das Resultat langfristigen Denkens.

Große Ziele, großes Commitment

Fokussierung auf das Hier und Jetzt

Auf meiner Radtour gab es nicht nur viele langweilige Tage in schwedischen Fichtenwäldern, es gab auch Tage, an denen der Gegenwind so stark war, dass ich das Gefühl hatte, kaum vom Fleck zu kommen. Entsprechend ernüchternd war jeweils meine Bilanz nach sechs Stunden im Sattel. An diesen Tagen blieb ich weit unter 100 Kilometern Distanz. Für mich war es extrem frustrierend, wenn es nicht richtig weiterging. In Kampf gegen Wind und Wetter wurde mein Commitment auf die härteste Probe gestellt. In solchen Situationen trugen mich drei Dinge: zum einen die

Fokussierung auf das Hier und Jetzt. Je stärker mir buchstäblich der Wind ins Gesicht blies, desto mehr konzentrierte ich mich und fing alle abschweifenden Gedanken sofort wieder ein. In dieser Situation hieß es einfach nur treten, treten, treten. Immer wenn ich dann doch anfing zu denken, konzentrierte ich mich zweitens auf mein Zielbild: Ich sah mich unter der Nordkapkugel stehen, die auch als Logo an meinem Rad prangte, und die Arme hochreißen – voller Freude darüber, es geschafft zu haben. Immer und immer wieder rief ich dieses Bild innerlich auf. Dass meine Ankunft am Ziel in die Hose gehen würde, konnte ich zum Glück nicht ahnen. Drittens schließlich waren es mein Commitment, mein Wille, mein Durchhaltevermögen und meine Begeisterung, die mir Kraft gaben.

Großes Commitment braucht lohnende Ziele

Entscheidend dabei ist: Nur große Ziele können auch großes Commitment erzeugen. Diesen unbedingten Willen, ein langfristiges Ziel zu erreichen, kann man auf unterschiedliche Arten verstärken und am Leben erhalten. Dass ich einen ganzen Arbeitstag opferte, um mein Logo in Stahlblech aufzulöten und zu polieren, habe ich bereits erzählt. Ein anderer Trick war, mein Vorhaben so schnell wie möglich hinauszuposaunen. Sobald klar war, dass ich mit dem Rad zum Nordkap und zurück wollte, sprach ich ständig mit anderen Menschen darüber. Ich konnte geradezu körperlich spüren, wie der Druck zunahm, die Tour jetzt auch wirklich zu starten und sie bis zum Schluss durchzuhalten. Es ist schon schwierig genug, sich selbst zu enttäuschen. Aber viele andere Menschen zu enttäuschen, die alle an einen glauben, ist fast unmöglich. Über anspruchsvolle Ziele zu sprechen, ist deshalb sehr wichtig. Jeder kann das leicht ausprobieren. Es macht einen Riesenunterschied, ob ich im Freibad mit dem Gedanken spiele, vom Fünf- oder Zehnmeterturm zu springen, oder ob ich cool lächelnd zu allen meinen Begleitern sage: »Leute, von da oben springe ich gleich runter.« Im ersten Fall überlege ich es mir lange und mache es am Ende vielleicht doch nicht. Im zweiten Fall kann ich kaum noch anders als springen.

Je schwieriger also eine Situation ist, desto mehr muss ich mich konzentrieren, und desto mehr sollte mir einfallen, um mein Commitment aufrechtzuerhalten. Doch auch zu leichte Bedingungen können mich davon ablenken, ein langfristiges Ziel konsequent zu verfolgen – das wird oft übersehen! Auf dem Rückweg durch Polen zum Beispiel hatte ich an wenigen Tagen Rückenwind. Endlich war das Fahren mal ein bisschen leichter! Ich fuhr sogar längere Strecken freihändig. An den Abenden stellte ich verblüfft fest, dass ich dennoch nicht mehr Kilometer gemacht hatte als an Tagen mit Gegenwind. Kein Wunder. Es war zu einfach! An Tagen mit Gegenwind war ich stärker herausgefordert und strengte mich mehr an. Klar kann man nicht jeden Tag die maximale Leistung abrufen. Es muss Pausen und Phasen mit geringerer Anstrengung geben, sonst ergibt sich kein gesunder Rhythmus. Trotzdem gilt die Faustregel: Die Dinge brauchen so lange, wie ich ihnen Zeit gebe. Wenn mir zwei Stunden vor einem Meeting einfällt, dass ich noch eine Präsentation zeigen will, dann klappt es meistens in dieser Zeit. Wenn ich den ganzen Tag Zeit habe, um die Präsentation zu erstellen, kann es sein, dass ich stundenlang daran bastele, zwischendurch immer wieder Pausen mache, Kaffee trinke, Mails lese und so weiter. Am Ende hat es den ganzen Tag gedauert, die Präsentation zu erstellen.

Für ein langfristiges Ziel brauche ich also einen gewissen konstanten Level an Herausforderung. Wenn die Hütte brennt und alle am Limit sind, muss ich mir überlegen, wie ich kurzfristig Druck herausnehmen und für Entlastung sorgen kann. Aber wenn sich Gemütlichkeit breitmacht, muss ich definitiv die Zügel anziehen. Bei wirklich großen Zielen habe ich unterwegs auch große Probleme zu lösen. Wenn ich im Team arbeite oder in direktem Kontakt mit Kunden bin, ist gute Kommunikation ein entscheidender Faktor. Leider folgen hier allzu viele dem Prinzip, es erst mal drauf ankommen zu lassen. Wer ruft schon seinen Kunden an und sagt: »Bei uns könnte es vorübergehend zu längeren Lieferzeiten kommen. Besser Sie bestellen diesmal früher, als Sie das gewohnt sind.«? Stattdessen wartet man, bis der Engpass eingetreten ist, und versucht dann, sich rauszureden. Dasselbe gilt gegenüber Teams. Man sieht das Problem heranrollen und denkt sich: Die anderen werden es schon noch früh genug merken. Bis dahin habe ich meine Ruhe. Wer das Commitment, ein langfristiges Ziel zu erreichen, hochhalten will, der braucht Transparenz, Offenheit und proaktive Kommunikation. Keine Geheimnisse! Nichts schönreden! Die Kunden und Mitarbeiter müssen ins Boot. Und zwar bevor es ablegt. Letztlich folgt das wieder dem Grundsatz »Respect for People«. Und so zeigt sich einmal mehr, wie die wichtigsten Lean-Prinzipen miteinander zusammenhängen.

KAPITEL 5

Energiefresser: Probleme lösen

Verschwindet, ihr Biester! Ich sitze vor meinem Zelt beim Frühstück, will mir gerade ein Stück Käse abschneiden und schlage mit meiner freien Hand wild um mich. Da wird der Schwarm aus winzigen Tierchen erst recht aggressiv. Aua! Jetzt hat mich schon wieder so ein Viech gepiekt. Verschwindet! Jetzt fuchtele ich mit beiden Händen herum. Plötzlich sehe ich, wie die Klinge meines superscharfen Outdoormessers genau auf mein rechtes Auge zurast.

Gefährliche Energiefresser: K-N-O-T-T-S

Das war knapp. Um ein Haar hätte ich mir selbst ein Auge ausgestochen. Mannomann! Vielleicht sollte man das Messer aus der Hand legen, bevor man anfängt, um sich zu schlagen. Keine schlechte Idee. Das würde ich normalerweise auch tun. Es sei denn, ich bin dermaßen mit den Nerven runter, wie ich es in der Mitte von Schweden war. Da gab es nämlich ein Problem, mit dem ich nicht gerechnet hatte. Dieses Problem lässt sich mit nur sechs Buchstaben schnell beschreiben: K-N-O-T-T-S. Knotts. Klingt total harmlos, dieses Wort, oder? Für mich ist es eines der hässlichsten Wörter aller Sprachen der Welt. Ich werde heute noch leicht aggressiv, wenn ich dieses Wort nur sehe. KNOTTS.

Was sind Knotts? Diese kaum sichtbaren Tierchen werden auch Kriebelmücken genannt und treten in Skandinavien in Schwärmen auf. Anders als unsere heimischen Mücken stechen sie nicht, sondern beißen. Sie ritzen mit ihren Zähnen die Haut auf, bis sich in der Wunde eine winzige Blutlache bildet. Dieses Blut trinken sie dann. Damit das

Blut ja nicht zu schnell gerinnt, spritzen sie ein Sekret in die Wunde. Übrigens beißen nur die Weibchen. Die Männchen ernähren sich vegan, sprich: von Pflanzensäften.

So weit ein kurzer Ausflug in die Biologie. Jetzt, wie es sich anfühlt: Wenn so ein Knott einen beißt, dann piekst es. Danach brennt und juckt es wie die Hölle. Als ich zum ersten Mal mit Bissen abends im Zelt lag und schlafen wollte, glaubte ich, meine Beine stünden komplett in Flammen. An Schlaf war überhaupt nicht zu denken. Da wusste ich: Ich hatte ein Riesenproblem. Denn die Erholungspausen und Schlafzeiten waren unverzichtbar, um meine Batterien aufzuladen. Die kleinen Biester durften mir bloß nicht meine Energie rauben!

Natürlich war ich nicht so blöd gewesen, nach Skandinavien zu fahren, ohne mit Mücken zu rechnen. Ich hatte sogar ein Mückennetz dabei. Die Knotts hatte ich allerdings nicht auf dem Schirm gehabt. Mückennetze zum Beispiel nützen da gar nichts. Da krabbeln die Knotts völlig ungerührt durch. Und auch von Mückenmitteln aus der Apotheke lassen sie sich nur begrenzt beeindrucken, wie sich noch zeigen sollte. Was konnte ich jetzt tun? Ich wusste es nicht. Noch nicht. Ich wusste nur, dass Problemlösung zu den Kernkompetenzen eines Lean-Experten zählt. Und der war ich ja nun. Also dann, sagte ich mir, an die Arbeit!

Aufgeben ist (k)eine Option

Problemlösung ist so etwas wie mein besonderes Steckenpferd. Das ist schon lange so. Denn ich hatte in Unternehmen oft erlebt, dass mit Problemen auf eine Art und Weise umgegangen wurde, die ich kritisch sah: Entweder gab es nur Feuerwehraktionen, das heißt, man lief den Problemen die ganze Zeit hinterher, obwohl es möglich gewesen wäre, ihnen systematisch auf den Grund zu gehen und sie abzustellen. Oder, was noch schlimmer war, man gab die Lösungsfindung ganz auf, wenn nicht sofort eine heiße Spur zu sehen war. Die Erwartung war, bei jedem auftretenden Problem unmittelbar sagen zu können, wie es zu lösen sei und, vor allem, wie lange es dauern würde, es zu lösen.

Andernfalls wollte man es gar nicht erst versuchen. Und sei der Preis des nicht gelösten Problems noch so hoch.

Bremsscheiben für Sportwagen: das Problemlösungsfiasko

Ein Erlebnis hat mich bis heute geprägt. Es war so etwas wie der sprichwörtliche Schock fürs Leben. Damals war ich geschäftsführender Gesellschafter eines Unternehmens, das mit einem mittelständischen Zulieferer der Autoindustrie kooperierte. Der Kooperationspartner hatte einen Auftrag an Land gezogen, der mir wie ein Sechser im Lotto vorkam: Ein süddeutscher Autohersteller entwickelte gerade einen neuen Supersportwagen zur Marktreife. Grundpreis jenseits von 100.000 Euro. Unser Kooperationspartner wollte dafür die Bremsscheiben herstellen, und meine Firma sollte exklusiv den Markt für Ersatzteile, Services und Reparaturen bedienen. Ich konnte mein Glück kaum fassen. Natürlich waren das nicht irgendwelche Bremsscheiben. Gemeinsam mit einem englischen Partner war eine Karbon-Keramik-Bremsanlage entwickelt worden, die zu der Zeit neuartig war. Wenn andere Hersteller sportlicher Autos später nachzögen, ergäbe sich für uns ein riesiges Marktpotenzial. Es war der Wahnsinn!

Zu Testzwecken hatten wir einen BMW M3 mit Sonderzulassung auf dem Hof stehen, der mit den neuartigen Bremsscheiben ausgerüstet war. Immer wieder bretterten die Kollegen damit über die Autobahn. Alle waren von der Wirkung der neuen Bremsen begeistert. Dann lieh ich mir das Auto für zwei Wochen aus. »Die Bremsen packen zu, das hast du noch nicht erlebt«, meinte der Kollege, der mir den Schlüssel überreichte. Nun bin ich nicht so der Heizer. Ich fahre schnell genug, um nicht zum Verkehrshindernis zu werden, aber eben ganz normal. In diesem alltäglichen Fahrbetrieb, so stellte sich schnell heraus, fingen die Bremsen nach kurzer Zeit an zu rubbeln. So stark, dass deutliche Vibrationen im Lenkrad zu spüren waren. Das war zwar überhaupt nicht gefährlich und hatte auch keine Auswirkungen auf die Bremsleistung, aber mir war sofort klar: Für ein 100.000-Euro-Auto ist dies völlig inakzeptabel. Einen Verdacht, woran es liegen könnte, hatte ich auch schon. Ich trommelte alle Beteiligten zu einer Krisenbesprechung zusammen. Da bestätigte sich mein Verdacht: Die anderen Fahrer waren mit dem Testwagen immer so schnell es der Verkehr erlaubte über die Autobahn gebrettert und hatten die Bremsen entsprechend gefordert. Ich war der Erste, der ein ganz normales Tempo gefahren war – und das nicht nur auf der Autobahn, sondern auch im Stadtverkehr. So kam schließlich heraus: Die Bremsscheiben waren für den Alltagsbetrieb noch nicht geeignet, da sich bei niedrigen Temperaturen Ablagerungen bildeten. Wir hatten also ein dickes Problem.

Der unbedingte Wille, Probleme zu lösen

Mein Partner wollte nun von mir wissen, ob das Problem lösbar war. Das wusste ich nicht. Dann sollte ich schätzen, wie lange es wahrscheinlich dauern würde, das herauszufinden. Auch das wusste ich nicht. Ich wusste nur eins: Wir mussten sofort nach der Lösung suchen – und zwar ganz systematisch. Dann hätten wir eine Chance, das Bremsrubbeln im normalen Alltagsverkehr in den Griff zu bekommen. Doch mein Partner fing sofort eine Diskussion mit dem Autohersteller an. Dieser wollte keine Risiken eingehen und stieg bald darauf aus dem Geschäft aus. Wir waren den Auftrag los. Und ich verstand die Welt nicht mehr.

»Warum haben wir nicht wenigstens versucht, das Problem zu lösen?«, wollte ich von meinem Geschäftspartner wissen. »Jetzt stehen wir da, und unser Geschäft ist zusammengebrochen, bevor alles richtig angefangen hat.«

»Das ist unternehmerisches Risiko«, meinte mein Geschäftspartner nur.

»Nein,« konterte ich, »das ist die Unfähigkeit, sich einem Problem zu stellen!«

Die drei Voraussetzungen, um Probleme zu lösen

Spätestens seit diesem Erlebnis gilt für mich: Aufgeben, sobald Probleme auftauchen, ist keine Option. Probleme tauchen in Unternehmen ständig und überall auf. Fast alle davon sind lösbar. Natürlich ist es schön, sofort einen Lösungsansatz zu haben. Aber nötig ist es nicht. Ich kann erst einmal völlig ratlos sein – das ist okay. Ich muss auch nicht vorher wissen, wie lange es dauern wird, ein Problem zu lösen. Wichtig sind nur drei Dinge:

- Sich dem Problem stellen. Nichts beschönigen, sondern das Problem annehmen, wie es ist. Auch wenn man sich das alles anders vorgestellt hatte.
- Sofort mit der Lösungssuche beginnen. Manche plötzlichen Hindernisse erscheinen im ersten Moment so fies, dass es einem schier die Tränen in die Augen treibt. Egal. Die Devise lautet: Trotzdem anfangen!
- Systematisch nach einer Lösung suchen. Das systematische Vorgehen ist das Wichtigste. Systematische Lösungsfindung gehört zum Kern des Lean Management.

Wenn ich auf systematische Lösungsfindung setze, ist es gar nicht schlimm, wenn ich am Anfang ratlos bin. Systematisches Vorgehen gibt mir Struktur und sorgt für den begründeten Optimismus, dass ich eine Lösung finden werde.

Die Lizenz zum Problemlösen

Alter Schwede, diese Mücken! Als ich in Freiburg losgefahren war, wusste ich weder, was Knotts sind, noch hätte ich für möglich gehalten, dass solche winzigen Viecher den Erfolg meiner Tour gefährden könnten. Wie so oft, wenn unerwartet Probleme auftauchen, durchlief ich unterschiedliche Phasen – erst ignorierte ich das Problem, dann verharmloste ich es. Irgendwann wurde ich wütend, verzweifelte anschließend fast. Schließlich akzeptierte ich das Problem und konnte ruhig und systematisch nach einer Lösung suchen. Erst einmal machte ich mir über Mücken wenig Gedanken. Ich war darauf eingestellt, gestochen zu werden. Als es dann so weit war, erlebte ich: Ja, das juckt. Aber wenn ich nicht kratzte, war es halb so wild. In Schwedens dünn besiedelter Mitte begegnete ich dann den ersten Schwärmen von Knotts. (Dass sie so heißen, lernte ich kurz darauf von den Einheimischen.) Ich unterschätzte die Knotts erst einmal – Schwärme von Minimücken kannte ich schließlich aus Süddeutschland, wo ich lebe. Man muss bloß einen Sommerabend an einem See verbringen, dann leisten sie einem bald Gesellschaft. Diese winzigen Tierchen nerven, lassen sich aber auch leicht verscheuchen. Vor allem stechen oder beißen sie nicht. Anders die Knotts. Durch Aufscheuchen werden sie erst recht aggressiv. Dann greifen sie an und beißen. Die Bisse sind zwar klein, aber wirklich unangenehm. Durch das giftige Sekret, mit dem die Tiere die Blutgerinnung blockieren, entstehen allergische Reaktionen. Bei dem einen Menschen ist diese Allergie nicht so ausgeprägt, bei dem anderen stärker.

In Schweden hatte ich von Bissen der Knotts bald überall rote Flecken auf der Haut. Diese Biester waren wirklich überall. Sie landeten auf meinen Fußgelenken und krochen in die Hose. Sie krabbelten in meinen Nacken, in die Ohren, in die Nase. Beim ersten Mal dachte ich, nur am falschen Platz gezeltet zu haben. Doch am nächsten Tag war alles genauso. Die Tiere kamen sogar nachts ins Vorzelt. Von dort ließen sie sich morgens nicht mehr verjagen. Sich irgendwo auf den Boden zu setzen, war auch nicht mehr möglich. Ich musste schließlich im Gehen frühstücken. Das war, nachdem ich mich mit dem Outdoormesser beinahe zum Einäugigen gemacht hätte.

Probleme als Energiefresser

Mir ging das an die Substanz, denn mein Frühstück war auf der bisherigen Tour immer der entspannte Tagesbeginn gewesen. Da tankte ich noch einmal richtig Energie, bevor es wieder in den Sattel ging. In dem Moment, da ich nicht einmal mehr in Ruhe frühstücken konnte, steigerte ich mich so richtig in das Problem hinein. Zum ersten Mal bekam ich Angst, dass ich die Tour nicht schaffen könnte. Aus Unternehmen kennt man so etwas ja auch: Es gibt Probleme, die objektiv extrem schwierig zu lösen sind. Weil es zum Beispiel mit einer neuen Technologie noch keinerlei Erfahrungswerte gibt. Daneben gibt es aber auch die gar nicht so großen Probleme, in die sich alle total hineinsteigern. Die Leute machen sich gegenseitig verrückt. Diese Probleme sind mindestens genauso schlimm.

Das Problem akzeptieren

Während ich nach der Messerattacke so mit meinem Frühstück in der Hand durch den Wald lief, verfolgt von einem Schwarm von Knotts, schaffte ich es zum Glück, mich zu beruhigen. Ich legte innerlich einen Schalter um. Ich akzeptierte, dass ich mit den winzigen Viechern ein Riesenproblem hatte. Obwohl mir das zu Hause – ohne längere Erklärungen – kein Mensch glauben würde. Im nächsten Moment erklärte ich das Problem zu einer Herausforderung, die ich genauso systematisch angehen würde wie Probleme in einem Unternehmen. Ich machte mir selbst Mut mit dem Gedanken, dass Problemlösung eines meiner Spezialgebiete ist. Systematische Lösungsfindung gehört ohnehin zum Kernbestand von Lean Management. Bei der Einführung von Lean Management trifft man oft auf hartnäckige Probleme, die zunächst abgestellt werden müssen. Laufen die Prozesse dann einmal schlanker, schlagen Probleme schneller durch. Das heißt, es gibt in schlanken Unternehmen zwar nicht mehr Probleme, aber die Probleme müssen schneller beseitigt werden. Das leistet Lean Management mit einer wesentlich höheren Problemlösungsgeschwindigkeit sämtlicher Mitarbeiter.

Six Sigma und das systematische Lösen von Problemen

Weil Problemlösung mein besonderes Steckenpferd geworden ist, kenne ich hier inzwischen nicht nur die Methoden des Lean Management, sondern habe zum Beispiel auch den »schwarzen Gürtel« in Six Sigma erworben. Six Sigma ist eine systematische Vorgehensweise, die nicht von Toyota, sondern von Motorola und General Electric (GE) entwickelt wurde. Man rückt hier den Problemen mit statistischen Methoden zu Leibe. Deshalb lernt man in der Six-Sigma-Ausbildung auch Statistik, bis einem der Zahlensalat zum Hals raushängt. Die Mitarbeiter werden bei Six Sigma ebenfalls einbezogen. Es ist also nicht so, dass da nur einer vor sich hinrechnen würde. Wenn es um systematische Problemlösung geht, halte ich Six Sigma für eine hervorragende Ergänzung zum Lean Management. Jeder erfahrene Manager oder Projektleiter wird irgendwann selbst dahinterkommen, mit welchen Methoden er am liebsten arbeitet. Deshalb geht es mir in diesem Buch auch nicht um einzelne Methoden, sondern um ein Grundverständnis von Lean Management und agilen Vorgehensweisen. Daraus ergibt sich alles andere. Ich habe mir über die Jahre selbst eine Lösungssystematik angeeignet, in der es sechs Schritte gibt. Diese Schritte, Stufen oder Phasen der Lösungssuche habe ich schließlich auch in aller Ruhe abgearbeitet, um mein Problem mit den Knotts in den Griff zu bekommen.

Erfolg mit System

Probleme präzise beschreiben

»Ach, die Knotts ...« Der Schwede, ein Typ wie ein Schrank, lachte nur. »Da legst du dich im Frühjahr einfach mal nackt an einen See. Danach bist du so zerstochen, dass du für den Rest des Jahres nichts mehr spürst.« Tolle Idee! Abgesehen davon, dass das Frühjahr längst vorbei war, hatte ich nach diesem Lösungsvorschlag nicht mehr das Gefühl, dass mich Gespräche mit den Einheimischen auch nur einen Schritt weiter in Richtung Lösung bringen würden. Immerhin wusste ich aber jetzt genau, was mein Problem war. Es waren nicht Mücken im Allgemeinen, sondern diese winzigen Kriebelmücken. Die Knotts. Und das ist auch der erste Schritt in meiner Lösungssystematik: Ich muss zunächst das *Problem beschreiben*. So präzise wie möglich. Was genau war mein Problem mit den Knotts? Die Bisse natürlich, klar. Aber auch schon, dass sie mir überall reinkrabbelten, einschließlich in Ohren und Nasenlöcher, machte mich verrückt. Okay, ich muss also einen Weg finden, die Knotts daran zu hindern, an mir herumzukrabbeln und mich zu beißen, dachte ich. Teil des Problems war schließlich auch, dass die Viecher massenhaft über mich herfielen. Wenn mich nur noch ab und zu so eine Minimücke beißen würde, wäre das schon ein Erfolg.

Problemlagen beobachten und Einflussfaktoren bestimmen

Der zweite Schritt in meinem System heißt *Prozesse beobachten*. Was passiert hier die ganze Zeit? Ich steige irgendwo am Waldrand vom Rad ab, suche mir einen Platz zum Übernachten, und schon bin ich in einen Schwarm von Knotts eingehüllt. Oder auch nicht. An einigen Stellen ist das so, an anderen nicht. Diese Beobachtung könnte wichtig sein. Wenn die Knotts einmal da sind, dann bleiben sie auch und quälen mich immer weiter. Wo sie nicht sofort in Massen sind, da kommen sie eher langsam. Ich notierte noch ein paar andere Beobachtungen und kam dann zum dritten Schritt: *Einflussfak-*

toren bestimmen. Was provoziert einen Angriff der Knotts-Armee? Und was verhindert ihn oder mildert ihn ab? Ich nahm mein Smartphone und googelte, um mehr über Knotts zu erfahren. Die Schwärme werden von CO_2 angezogen, lernte ich. Also von meinem Ausatmen. Knotts mögen außerdem keine sonnigen und windigen Plätze, hieß es. Das klang so, als ob dies meine bevorzugten Schlafplätze werden sollten. Geteilte Meinungen gab es beim Thema Mückenmittel. Einmal hieß es, Mückenmittel könnten gegen Knotts nichts ausrichten. Auf einer anderen Seite stand, nur bestimmte Produkte würden wirken und andere nicht. Da half nur Ausprobieren.

Probleme: Ihre Auswirkungen bewerten und Prozesse verbessern

Das brachte mich direkt zum vierten Schritt: *Auswirkungen bewerten*. Was passiert, wenn ich an den Einflussfaktoren schraube? Wie groß ist der Einfluss jedes einzelnen Faktors? Jeder schwedische Apotheker kennt das Wort »Mückenmittel« in mindestens zwölf Sprachen. Den Spruch hörte ich von den Einheimischen. Eine andere Frage ist, welches Produkt etwas tauge. Am Ende der Woche hatte ich fünf Produkte im Test und kam zu dem Ergebnis, dass die Marke für die Wirksamkeit nicht so wichtig ist. Entscheidend war, wann und wie das Mückenmittel zum Einsatz kam. Erst mal testete ich Plätze zum Übernachten. Ich hielt nach sonnigen und windigen Plätzen Ausschau. War da zum Beispiel eine Waldlichtung, dann stellte ich mich genau in die Mitte, weil es dort keinen Schatten und den meisten Wind gab. Wenn sofort viele Knotts kamen, sagte ich mir: Weg hier, das hat keinen Sinn! Von Mückenmittel, welcher Marke auch immer, ließ sich so ein angreifender Schwarm nicht beeindrucken. Wenn nur wenige Knotts kamen, dann entschied der Einsatz des Mückenmittels darüber, wie es weiterging. Schmierte ich mich sofort mit dem Mückenmittel ein, kamen keine weiteren Knotts. Zögerte ich zu lange, kamen immer mehr. Trotz des richtigen Einsatzes von Mückenmittel konnte ich nicht verhindern, dass sich die Knotts über Nacht im Vorzelt sammelten. Es war auch aussichtslos, sie vertreiben zu wollen. Aber wenn ich sie im Vorzelt ließ und dort sozusagen einsperrte, konnte ich vor dem Zelt in Ruhe frühstücken.

Innerhalb von fünf bis sechs Tagen sammelte ich genügend Erfahrungswerte und konnte schließlich im fünften Schritt meine *Prozesse verbessern*. Danach lief jede Übernachtung im Zelt so ab: Trockenen, möglichst sonnigen und windigen Platz suchen. Platz testen. Kamen Knotts in Schwärmen, neuen Platz suchen. Bei wenigen Knotts sofort mit Mückenmittel einschmieren. Zelt aufbauen und drin verschwinden. Knotts sich über Nacht im Vorzelt sammeln lassen und während des Frühstücks dort lassen.

Problemlösung: den Erfolg bestätigen

Problematisch blieb das Einpacken des Zelts mit all den Knotts, die reingekrabbelt waren. Doch auch da verbesserte ich systematisch meine Technik. Schließlich war es Zeit für den sechsten und letzten Schritt: *Erfolg bestätigen*. Hatte ich das Problem wirklich dauerhaft gelöst? Oder hatte ich vielleicht nur Glück und konnte eine Serie von Zufallstreffern landen? Es stellte sich heraus, dass es wohl keine hundertprozentige Abwehr gegen die Knotts gab, ich das Problem aber mit einem Bündel von Maßnahmen so weit eingedämmt hatte, dass es erträglich war und ich einen Haken dran machen konnte.

Als ich meinen Weg fortsetzte und an der Küste Norwegens entlangfuhr, gab es gar keine Mücken oder Knotts mehr. Auf dem Rückweg vom Nordkap wurde es dann allerdings deutlich schlimmer. Stellenweise prasselten die Tiere während der Fahrt nur so gegen meine Fahrradbrille. Aber ich konnte mich auf meine eingespielten Maßnahmen verlassen. Die Schlafplatzsuche ging schnell. Oft übernachtete ich mitten auf einer Wiese. Meine Techniken, mit dem Mückenmittel und dem Zelt umzugehen, bewährten sich. Das Beste war, dass ich das Problem innerlich loslassen konnte. Ich musste mich nicht mehr ärgern. Denn dank meiner systematischen Vorgehensweise wusste ich, dass ich alles für die Lösung getan hatte.

Jeder Faktor zählt

Manchmal kann ich es kaum erwarten, wieder in ein Unternehmen zu gehen und dort ein Problem zu lösen. Problemlösung macht mir einfach Spaß. In produzierenden Unternehmen geht es natürlich um kompliziertere Probleme als Mückenbekämpfung. Das gilt vor allem, wenn geballte Technik zum Einsatz kommt. Aber meine Vorgehensweise besteht letztlich immer aus denselben sechs Schritten, mit denen ich auch die Knotts losgeworden bin: *Problem beschreiben, Prozesse beobachten, Einflussfaktoren bestimmen, Auswirkungen bewerten, Prozesse verbessern, Erfolg bestätigen.* Entscheidend ist nicht, genau dieses System zu verwenden. Sondern entscheidend ist, überhaupt mit System nach Lösungen zu suchen. Systematisches Vorgehen ist stets die halbe Miete. Ich ermutige Projektleiter und Mitarbeiter, mit denen ich als Berater zu tun habe, stets systematisch vorzugehen. Dabei kann jeder seine besonderen Kenntnisse und Erfahrungen einfließen lassen. So ist das auch im Toyota-Produktionssystem. Es soll möglichst störungsfreie Prozesse geben. Bei unvorhergesehenen Problemen gilt es, systematisch nach einer Lösung zu suchen. Bei der Reduktion von Durchlaufzeiten, dem Ziel von Lean Management, geht es immer und immer wieder darum, auftretende Probleme schnell zu lösen. Deshalb hat Problemlösung in der Lean-Denkweise einen so hohen Stellenwert.

Noch mal mit System: Gewindebohrungen in pulverbeschichteten Gussteilen

Ich habe Six Sigma als statistische Herangehensweise in meinen Methodenkoffer integriert, weil es bei der Problemlösung immer wieder entscheidend darum geht, die Auswirkungen bestimmter Einzelfaktoren zu bewerten. So war es auch bei einem metallverarbeitenden Betrieb, in dem pulverbeschichtete Gussteile mit Gewindebohrungen versehen wurden, um Abdeckkappen einschrauben zu können. Beim Bohren und Gewindeschneiden entstanden 17 Prozent Ausschuss, weil immer wieder die Pulverbeschichtung am Rand des Bohrlochs abplatzte. »Wir haben schon alles probiert«, sagte ein Mitarbeiter kopfschüttelnd, als ich mir das Problem mit ihm zusammen anschaute. Der Optimismus, auf jeden Fall eine Lösung finden zu können, schien hier bereits verflogen zu sein. Als ich genau wissen wollte, was die Mitarbeiter alles schon probiert hatten, erntete ich nur Schulterzucken. Es war nichts dokumentiert worden. Da war der Fall für mich ziemlich klar: Hier hatte es keine systematische, für einen Außenstehenden nachvollziehbare Lösungssuche gegeben. »Okay«, sagte ich zu den Mitarbeitern, »dann fangen wir jetzt noch mal von vorn an. Aber diesmal systematisch.«

Wenn man doch nicht »alles« versucht hat

Das Problem, bei dem die Mitarbeiter glaubten, in den vergangenen Monaten »alles« versucht zu haben, um es zu lösen, konnten wir innerhalb eines halben Tages beseitigen. Die Ausschussquote sank von von 17 auf 0 Prozent. Nicht, weil ich so ein Genie wäre. Sondern wegen der systematischen Lösungssuche. Ich hatte am Anfang überhaupt keine Theorie, mit der ich mir erklären konnte, warum die Pulverbeschichtung am Bohrloch immer wieder abplatzte. Ich wusste aber, dass es ein Schlüssel zur Lösung sein würde, jeden denkbaren Einflussfaktor systematisch zu erfassen und dann zu bewerten, was sich jeweils veränderte, wenn man einen der Faktoren modulierte. Die Mitarbeiter hatten zum Beispiel bereits erfolglos mit unterschiedlichen Drehzahlen der Bohrer experimentiert. Es hatte sich gezeigt, dass die Drehzahl keinen Einfluss auf das Problem hatte. Da die Mitarbeiter aber nicht systematisch nach Einflussfaktoren gesucht hatten, waren sie nicht auf die Idee gekommen, sich neben der Drehzahl auch mit der Ausführung der Bohrer zu beschäftigen. Die Bohrer besaßen nämlich eine Innenkühlung, durch deren Kanäle die Kühlflüssigkeit mit einem Druck von 70 bar geleitet wurde. Die Kühlflüssigkeit sollte gleichzeitig die Metallspäne aus dem Bohrloch spülen. 70 bar sind eine Menge Druck. Das machte mich stutzig.

Zuvor hatte sich gezeigt, dass das Problem nicht bei allen Bohrungen auftrat. Es gab größere und etwas kleinere Bohrlöcher und entsprechende Bohrergrößen. Nur bei den kleineren Bohrlöchern platzte die Pulverbeschichtung in 17 Prozent der Fälle an der Kante ab. Die Bohrer beider Größen wurden mit Kühlflüssigkeit gekühlt. Hatte die Flüssigkeitskühlung also keine Auswirkungen? Moment, nicht so schnell! Das Problem könnte komplizierter sein. Also erfassten wir den Einflussfaktor Kühlflüssigkeit noch genauer. Es stellte sich heraus, dass bei den größeren Bohrern die Kühlflüssigkeit nach vorne austrat, was unproblematisch war. Bei den kleineren Bohrern spritzte die Kühlflüssigkeit dagegen mit ihrem sehr hohen Druck zur Seite weg. Und das war der entscheidende Einflussfaktor. Genau an der Kante des Bohrlochs wirkte das Austreten der Kühlflüssigkeit wie ein winziger Kärcher. Gab es da einen minimal porösen Bereich, an dem der Strahl unter die Pulverbeschichtung gelangen konnte, wurde die Beschichtung an der Kante des Bohrlochs wie mit einem Hochdruckreiniger heruntergestrahlt. So entstanden die Abplatzungen, die sich bisher niemand erklären konnte.

Durchbruch mit Ansage

Wir wussten jetzt, was das Problem verursacht hatte. Doch wie sollten wir das Problem nun lösen? Manchmal sind die richtigen Lösungen so verblüffend einfach, dass gerade deshalb niemand drauf kommt. Auch in solchen Fällen hilft eine Systematik, denn dadurch wird einfach alles berücksichtigt, woran man irgendwie schrauben könnte. Auch das, was so selbstverständlich erscheint, dass zunächst niemand darüber nachdenkt. Wenn man sich systematisch mit Einflussfaktoren beschäftigt, dann stellt sich zum Beispiel auch die Frage, ob sich ein Faktor komplett beseitigen lässt. Hier bedeutete das: Brauchten wir die Innenkühlung bei diesen Bohrungen überhaupt? Nur weil ein Bohrer eine Innenkühlung besitzt, heißt das ja noch lange nicht, dass sie auch unbedingt eingesetzt werden muss. Mein Auto zum Beispiel hat auch ein Navi, aber zu Hause und auf Strecken, auf denen ich mich auskenne, brauche ich es nicht einzuschalten. Wenn ich mit Navi fahre, obwohl ich mich auskenne, lenkt mich das nur vom Verkehrsgeschehen ab und erhöht die Unfallgefahr. Ich fragte mich also, ob die Bohrer bei den kleinen Bohrungen unbedingt gekühlt werden mussten. Die Flüssigkeitskühlung lief, weil der Bohrer nun einmal eine besaß. Es gab keinen anderen Grund.

Manche Lösungen kosten null Euro

Wir schalteten die Innenkühlung dann beim Bohren einmal aus. Anschließend bewerteten wir die Auswirkungen dieser Maßnahme. Die Ausschussquote sank sofort auf null. Die Pulverbeschichtung platzte nirgendwo mehr ab. Das war ein Durchbruch mit Ansage, denn wir hatten die Ursache für das Problem ja bereits erkannt. War jetzt aber eine Überhitzung des Bohrers zu befürchten? Nach Schätzungen der Wärmeentwicklung konnten wir das ausschließen. Es zeigte sich, dass eine Kühlung bei einer so geringen Wandstärke des Werkstücks absolut nicht nötig war. So blieb die Innenkühlung nun beim Bohren abgeschaltet. Diese Lösung umzusetzen, kostete null Euro.

Das Schöne war in diesem Fall, dass sich über das Problem alle einig gewesen waren. Niemand stellte infrage, dass eine Ausschussquote von 17 Prozent ein Problem war. Bei den Versuchen, mit denen wir sämtliche Einflussfaktoren testeten, machten auch alle Mitarbeiter engagiert mit. Das ist nicht automatisch so. Deshalb ist der erste Schritt in meiner Lösungssystematik – die Beschreibung des Problems – auch nicht trivial. Ich brauche in Unternehmen immer einen Konsens darüber, dass wir über dasselbe Problem reden und dieses abgestellt werden soll. Einmal brach ich einen Workshop ab, weil bei diesem Auftraggeber plötzlich Konsens war, dass es sich bei dem zu lösenden Problem nur um einen Schönheitsfehler handelte, der keinen Kunden stören würde. Wenn ein Problem so bewertet wird, gibt es keinen Grund, etwas zu machen.

Mit dem Lösen offensichtlicher Probleme beginnen

Eine Lean-Management-Einführung beginnt oft damit, offensichtliche Probleme, über die sich alle einig sind, zu lösen. Es ergibt keinen Sinn, die Abläufe in der Produktion optimieren zu wollen, solange ich zum Beispiel an einer Stelle einen Ausschuss in nicht akzeptabler Höhe habe. Ich muss solche Probleme erst lösen. Und Probleme lösen heißt im Lean Management, sie dauerhaft abzustellen. Hier ist kein Flickwerk gefragt, sondern nachhaltige Problemlösung. Letztlich geht es darum, funktionierende Standardabläufe zu schaffen. Und diese Abläufe kann ich dann schrittweise verbessern. Manchmal höre ich, Lean Management schaffe die Probleme erst. Da ist sogar was dran! Natürlich nicht in dem Sinne, dass es das Ziel ist, sich Probleme ins Haus zu holen. Aber Lean Management bringt Schwachpunkte in Prozessen gnadenlos ans Tageslicht. Das ist wie beim Renovieren eines alten Hauses. Sobald ich irgendwo anfange zu renovieren, wird mir schrittweise klar, wie groß der Renovierungsstau ist und wie viel es wirklich zu tun gibt.

Selbstvertrauen bei der Problemlösung: durch die systematische Herangehensweise

Vieles hängt letztlich auch davon ab, welche Einstellung ich gegenüber Problemen habe. Ich persönlich löse leidenschaftlich gern Probleme. Je komplizierter sie sind, desto besser. Dass es da nicht allen so gehen kann wie mir, ist völlig klar. Ich halte die Lust am Problemlösen auch nicht für etwas, das jeder unbedingt anstreben sollte. Wichtig ist es aber, zu akzeptieren, dass es in Unternehmen immer wieder Probleme geben wird. Der Störfall ist der Normalfall. Spätestens dann, wenn ein Unternehmen schlank und agil aufgestellt ist. Kann ich diese Situation innerlich annehmen? Bei manchen Menschen habe ich schon mal das Gefühl, dass sie heimlich dem Ideal einer Welt ohne Probleme anhängen. Besser arbeite ich an meiner Problemlösungskompetenz. Was den Alltag wirklich entstresst, ist das Vertrauen auf eine systematische Herangehensweise, mit der ich bei jedem Problem die Chance auf eine Lösung habe. Egal ob es um Mücken oder um Elefanten geht.

KAPITEL 6

Taschen in der Tasche: Prozesse synchronisieren

Frühmorgens im Zelt, ich bin gerade aufgewacht. Aus müden Augen schweift mein Blick durch den kleinen Raum, der jetzt für einige Zeit mein Zuhause ist. Es herrscht totales Chaos. Alle meine Sachen liegen verstreut und völlig durcheinander. Wo ist mein Smartphone? Die Unterhosen und die Socken kann ich auch nirgends entdecken. Hier sieht es aus wie im Zimmer eines 15-Jährigen, der seit drei Wochen nicht mehr aufgeräumt hat. Oh nein, denke ich, ich bleibe lieber liegen!

Ein paar Tage war ich da erst unterwegs, schlief irgendwo im Rheinland auf einem Campingplatz. Mein Frustpegel war hoch, weil mich mein Gepäck so viel Zeit und Nerven kostete. Ich wollte jeden Tag einige Stunden Fahrrad fahren. Aber nicht einige Stunden packen! Im Moment dauerte das morgendliche Packen mehr als zwei Stunden. Gefühlt. Mit der Stoppuhr gemessen, waren es immer noch 1 Stunde und 40 Minuten. Sollte das jetzt monatelang so weitergehen? Jeden Morgen nach dem Frühstück? Ein Wahnsinn!

Dass es immer ewig dauerte, bis ich irgendetwas fand, machte die Sache nicht besser. Schon am zweiten Tag hatte ich meine Jacke gesucht. Es gewitterte ja ständig, regnete, wurde kühl. Also, Jacke an. Aber wo war sie bloß? Ich hatte die Packtaschen an meinem Fahrrad so gepackt, wie man es bei Koffern macht. Das Gepäck also lose hinein und so gequetscht, dass ich mit dem wenigen Platz auskam. Jetzt musste ich die Taschen immer komplett aus- und wieder einpacken, bis ich fand, was ich suchte. Und meine Jacke war *immer* in der letzten Tasche, die ich durchsuchte. Na, toll!

So konnte das nicht weitergehen. Ich überlegte, was ich machen konnte, um die Packzeit zu reduzieren und meine Sachen schneller wiederzufinden. Mir ging durch den Kopf, wie man Prozesse synchronisiert. Das gehört zu den wichtigsten Aufgaben im Lean Management. Aber ich bin doch alleine, dachte ich. Dinge standardisieren, wissen, wie lange jeder braucht und alles aufeinander abstimmen – das betrifft immer Prozesse mit mehreren Mitarbeiten. Und doch war mein morgendliches Packen ja auch ein Prozess! Nach kurzem Nachdenken war ich mir sicher: Ich brauchte Standards, ich brauchte Aufgabenpakete und ich brauchte Feinabstimmung. Genau wie im Lean Management. Das würde meine Packzeit ganz sicher reduzieren. Und ich würde endlich wissen, wo meine Sachen waren.

Besser Standards spielen

Prozesse synchronisieren = Standards etablieren

Prozesse synchronisieren heißt im Lean Management, standardisierte Vorgehensweisen zu etablieren und dann immer weiter zu verfeinern. Dabei ist es eine besondere Kunst, Aufgabenpakete zu schaffen und diese aufeinander abzustimmen. Ich teile einen Prozess in Aufgabenpakete als Prozessschritte ein, die in der Ausführung alle gleich lange dauern. Dann bin ich flexibel, mit wie vielen Beteiligten ich im »One-Piece-Flow« arbeiten möchte: Bei niedriger Auslastung kann einer alleine alle Aufgabenpakete nacheinander abarbeiten. Das dauert dann entsprechend lange. Bei höherer Auslastung können zwei, drei oder noch mehr Mitarbeiter die Schritte unter sich aufteilen. So kann ich den Output erhöhen. Wenn dabei nie jemand Leerlauf haben und auf einen anderen warten soll, ist es allerdings entscheidend, dass alle Aufgabenpakete exakt gleich lang dauern. Die Aufgabenpakete müssen also nicht identisch mit den Prozessschritten sein, in die sich ein Prozess in der Produktion unter technischen Gesichtspunkten aufteilen lässt. Eine Person kann zum Beispiel zwei oder noch mehr kleinere Prozessschritte als Aufgabenpaket übernehmen, um auf die gleiche

Arbeitsdauer zu kommen wie eine andere Person, die einen umfangreicheren Prozessschritt übernimmt.

Das Kochen von Penne »synchronisieren«

Nehmen wir mal »Kochen mit Freunden« als Beispiel. Daran lässt sich die Sache ganz einfach verdeutlichen. Drei Freunde wollen Penne mit Gemüse in Tomatensoße kochen. Wenn sie vorher nicht groß nachdenken, dann teilen sie sich die Aufgaben wahrscheinlich eher spontan auf. Sagen wir, der eine soll drei große Zucchini schnipseln, der andere eine Zwiebel schneiden und der dritte schon mal den Topf mit Salzwasser für die Nudeln aufsetzen. Diese Aufgaben dauern unterschiedlich lange. Wahrscheinlich ist derjenige, der nur das Wasser aufsetzt, am schnellsten fertig und wartet auf die beiden anderen. Als Nächster ist derjenige fertig, der die Zwiebel schneidet. Schließlich warten beide darauf, bis der Dritte seine Zucchini klein geschnitten hat. Um das zeitlich besser aufeinander abzustimmen – denn nichts anderes bedeutet »synchronisieren« –, hätten die drei Freunde auch sagen können: Einer schnipselt die Zucchini, einer setzt das Nudelwasser auf und schneidet die Zwiebel, und der Dritte kann in der Zeit schon mal die Tomaten für die Soße vorbereiten. Damit wären die Wartezeiten reduziert, und alles ginge schneller. So machen sie es dann mit den restlichen Schritten auch. Wenn die drei Freunde regelmäßig dieses Gericht miteinander kochen, können sie ihre Aufgabenpakete immer weiter verfeinern und noch besser aufeinander abstimmen.

Prozesse in Aufgabenpakete aufteilen

Ich gebe zu: Dieses Grundprinzip lässt sich nicht eins zu eins auf den Prozess des morgendlichen Packens bei meiner Radtour übertragen, weil ich ja alleine war und meine Arbeit nicht mit anderen abstimmen musste. Von diesem letzten Schritt abgesehen, ging ich aber genauso vor wie bei einer Prozesssynchronisierung: Ich teilte den Prozess in einzelne Aufgabenpakete auf, überlegte mir Standards, stimmte schließlich über mehrere Tage alles aufeinander ab und verfeinerte es. Das Denken in Aufgabenpaketen aus dem Lean Management brachte mich als Erstes darauf, mein Gepäck buchstäblich in kleinere Pakete aufzuteilen. Gab es in Outdoorläden nicht solche wasserdichten Packbeutel, in denen man zum Beispiel seine Regensachen separat einpackt? Zum Glück war ich gerade im dicht besiedelten Westen Deutschlands unterwegs. So konnte ich in den nächsten Tagen diverse Outdoorläden ansteuern und mit neu gekauften Sachen experimentieren, ohne mich gleich auf eine Lösung festlegen zu müssen.

Zunächst kaufte ich mir tatsächlich einen Packbeutel, um meine Regensachen zu separieren und diese bei Bedarf schneller zu finden. Solche Beutel sind extrem dünn, ultraleicht und trotzdem reißfest. Wie viele ich davon letztlich brauchte und welche Sachen man am besten mit anderen in einen Beutel packt, konnte ich nicht aus dem Stand sagen. Das musste ich ausprobieren. Nach fünf Tagen besaß ich schließlich zehn Packbeutel unterschiedlicher Größen und hatte damit das Gepäck optimal eingeteilt. Zehn Beutel sind flexibler als fünf. Zwanzig wiederum wären zu viel gewesen und hätten es kompliziert gemacht. Mein morgendliches Packen bestand jetzt also aus einzelnen Aufgabenpaketen. Zuerst den Beutel mit den Regensachen, dann den Beutel mit der »Feierabendkleidung«, dann den mit sämtlichen Kabeln und Elektronik und so weiter. Den Inhalt einiger Packbeutel brauchte ich in der Regel gar nicht. So hatte ich nicht allein das Einpacken standardisiert, sondern musste auch nicht mehr jeden Tag alles ein- und auspacken. Das Packen ging also deutlich schneller, auch weil ich nicht mehr überlegen musste, wo etwas noch Platz hatte. Bald war das Packen der einzelnen Beutel Routine.

Es erwies sich sogar als Glücksfall, dass ich die Packbeutel nach und nach in unterschiedlichen Outdoorläden gekauft hatte. So waren sie von verschiedenen Herstellern und sahen unterschiedlich aus. Das machte ich mir zunutze, um einprägsame Standards zu etablieren. So packte ich zum Beispiel meine Regensachen in einen größeren roten Beutel. Die Schmutzwäsche kam in einen blauen Beutel. Und die warmen Sachen hatte ich am Ende in einem gelben Beutel von einem anderen Hersteller. Ich brauchte ein paar Tage, bis mir klar war, was wie am besten zusammenpasste. Immer morgens beim Packen probierte ich einen geänderten Standard aus. Dabei ließ ich all das einfließen, was ich am Tag zuvor an Erfahrung gesammelt hatte. Dauerte es zu lange, meine Windjacke herauszuholen? Dann musste sie in einen anderen Beutel. Schließlich war ich mit meinem Packsystem so weit zufrieden. Ich konnte den ersten Schritt abhaken, den man auch im Lean Management gehen würde, um Prozesse zu synchronisieren: Ich hatte Standards geschaffen.

Kaizen on tour

Mann, was ruckelte das! So ein Mist! Der Lenker flatterte, und das ganze Fahrrad lief total unruhig. Dabei fuhr ich gerade mal etwas über 20 Kilometer pro Stunde. Für alle, die vielleicht nicht so oft Rad fahren: Das ist nicht besonders schnell. Das ist sogar verdammt langsam! Wenn das Rad bei dem Tempo schon zitterte wie ein Junkie auf Entzug, was sollte das erst werden, wenn ich mal die Möglichkeit zu einer Schussfahrt an einem steilen Berg haben würde? An freihändiges Fahren war gar nicht zu denken bei der Unruhe. Dabei hatte ich mich darauf schon so gefreut, denn freihändig fahren ist die ideale Entspannung zwischendurch. Ich merkte, dass ich mit meinen Standards beim Packen noch nicht am Ziel war. Zwar kam ich jetzt viel schneller an meine Regenjacke, aber was nützte mir das, wenn die Gewichtsverteilung überhaupt nicht stimmte? Mit einem so unruhigen Lauf des Fahrrads konnte ich auf die Dauer nicht leben. Also war Feinabstimmung angesagt. Eigentlich ist das auch der nächste Schritt im Lean Management und deshalb keine große Überraschung.

Übung ist Übung und Ernstfall ist Ernstfall

Überrascht war ich in gewisser Weise trotzdem. Denn ich hatte total unterschätzt, welche Rolle die Gewichtsverteilung beim Gepäck spielte. Mit einem so starken Aufschaukeln hatte ich nicht gerechnet. Insgesamt hatte ich zwei Packtaschen und zwei Packsäcke am Vorderrad und zwei Packtaschen und zwei Packbeutel am Hinterrad. Mein Fahrrad hatte große 28-Zoll-Räder. Trotzdem ließ es sich von der falschen Gewichtsverteilung erschreckend leicht aus der Ruhe bringen. Warum hatte ich das während meiner Testtour durch die Vogesen nicht gemerkt? Da hatte ich viel weniger Gepäck dabei. Ein Aufschaukeln hatte ich auch während schneller Bergabfahrten niemals feststellen können. Ohnehin hatte ich dem Packen da noch nicht so viel Aufmerksamkeit geschenkt. Das war mir weniger wichtig gewesen. Übung ist eben Übung und Ernstfall ist Ernstfall. Bei der Feuerwehr weiß man das, und für monatelange Radtouren gilt es auch. Hier zeigt sich wieder, wie schnell Planung an Grenzen stößt. Agiles Vorgehen war angesagt.

Faktoren in Einklang bringen

Durch Ausprobieren und Abstimmen musste ich beim Gepäck drei wesentliche Faktoren in Einklang bringen: Erstens sollten sich die zehn Packbeutel morgens möglichst schnell und einfach in die vier großen Fahrradtaschen packen lassen. Zweitens wollte ich an häufig benötigte Dinge, wie etwa meine Regensachen, so unkompliziert wie möglich herankommen. Und drittens hätte ich auch gerne noch eine Gewichtsverteilung hinbekommen, bei der sich das Fahrrad möglichst gar nicht mehr aufschaukelt, selbst nicht bei rasanten Abfahrten am Berg. So schnell kann es komplex werden! Jede Änderung, die bei einem der drei Faktoren etwas verbessert, kann sich negativ auf einen oder beide der anderen auswirken. So verbrachte ich die nächsten Tage damit, immer wieder zu experimentieren, Kleinigkeiten zu verändern und die Auswirkungen zu testen. Das ist nichts anderes als ein kontinuierlicher Verbesserungsprozess. Oder auf Japanisch: Kaizen.

Bevor ich verschiedene Dinge aufeinander abstimme, sollte ich erst mal wissen, wie jedes für sich am besten funktioniert. So war es zum Beispiel bei meinen Regensachen. Von 109 Tagen meiner Tour hat es an 47 Tagen geregnet. Zeitweise habe ich viermal am Tag Regensachen ein- und ausgepackt. Nur einmal hatte ich mehr als 48 Stunden am Stück keinen Regen. Das war auf der Rückfahrt in Polen kurz nach der Grenze zu Litauen. Wenn etwas also griffgünstig verstaut sein musste, dann das Regenzeug. Als ich mit den Packbeuteln experimentierte, hatte ich eine zunächst genial scheinende Idee: Ich packte die Regensachen in einen roten Beutel und verstaute diesen dann in der Fahrradtasche vorne rechts. REGEN, ROT, RECHTS: RRR – die perfekte Eselsbrücke! Das hätte ich mir leicht merken können, aber so leicht war es dann leider doch nicht. Denn zum Anziehen der Regensachen musste ich anhalten und das Fahrrad mit dem Ständer abstellen. Wenn ich den Lenker dabei nach links einschlug, um an das Regenzeug in der rechten vorderen Packtasche zu kommen, fiel das Fahrrad um. Nur mit nach rechts eingeschlagenem Lenker blieb das Rad stehen. Dann kam ich aber kaum noch an die rechte Tasche heran. Also anders: RRL – REGEN, ROT, LINKS. Weniger einprägsam, aber unvermeidlich.

Die Sachen, die ich tagsüber normalerweise gar nicht brauchte, packte ich einfach im Sinne einer korrekten Gewichtsverteilung. In welcher Tasche benötigte ich mehr Gewicht und in welcher weniger, um das Aufschaukeln des Rads zu verhindern? Als ich da so herumprobierte, stellte ich fest, dass auch die Position der Fahrradtaschen an den Gepäckträgern großen Einfluss auf die Laufruhe des Rads hatte. Besser wäre es, wenn ich die vorderen tiefer platzieren könnte. Es gelang mir schließlich, den vorderen Gepäckträger leicht umzubauen, sodass ich die Taschen daran 1,5 Zentimeter tiefer hängen konnte. Das hört sich vielleicht nach nicht viel an, machte aber einen Riesenunterschied! Natürlich musste ich auch bei der Aufteilung meiner Sachen in die Packbeutel – die »Taschen in der Tasche« – immer wieder kleinere Veränderungen vornehmen. Schließlich hing alles mit allem zusammen. Nach einigen Tagen nahm mein System Formen an. Als ich losfuhr, hatte ich eine Tasche kaum zubekommen, während eine andere halb leer gewesen war. Jetzt war alles richtig gut verteilt. Und das auch noch so, dass ich an die Sachen, die ich am häufigsten brauchte, am schnellsten herankam.

Die Ausbeute des »Taschen-Kaizen«

Mein Taschen-Kaizen lohnte sich unterm Strich richtig: Die allmorgendliche Packzeit reduzierte sich von anfänglich 1 Stunde und 40 Minuten auf schließlich nur noch 35 Minuten. Gut, ich habe während der Tour überflüssiges Gepäck nach Hause geschickt. Aber der wesentliche Faktor waren die Standards, die ich mithilfe der Packbeutel etabliert hatte. Es war nicht zuletzt auch sehr viel motivierender, mit den zehn Packbeuteln zu arbeiten, als alles direkt in die Taschen zu packen. Ich brachte jeden Morgen zehn Mal etwas zum Abschluss, erlebte also immer wieder einen sichtbaren Erfolg. Auf der Rückfahrt vom Nordkap düste ich gleich den ersten Abhang mit 68 Kilometer pro Stunde runter. Ohne die geringsten Vibrationen! Die Gewichtsverteilung stimmte jetzt einfach.

Das Ende der Werkbank

Endmontage eines Schwingschleifers in 2:40

Jede Sekunde zählt! Auf dem 24-Zoll-Bildschirm läuft die Zeit mit – schwarze Zahlen vor einem grünen Hintergrund. Wie lange brauchen die Mitarbeiter in dem u-förmigen Montagecenter für die Endmontage eines Schwingschleifers? 2:35-36-37. Gleich ist der Sollwert von 2 Minuten und 40 Sekunden erreicht. Jetzt! 2:40-41-42. Kein Problem. In 2 Minuten 40 ist es gut zu schaffen. Und es gibt sogar eine Minute obendrauf, damit die Arbeit locker von der Hand geht und kein Stress aufkommt. 3:06-07-08. Der Bildschirm bleibt grün. Geschafft! Alle Arbeiten sind erledigt: den Elektromotor einsetzen, die Halterung mit dem Stromkabel anbringen, den Schleifkopf montieren, die Elektronik hinzufügen, auf Funktion testen, das Gehäuse montieren und schließlich das Gerät verpacken. Die Uhr auf dem Bildschirm springt um. Jetzt ist die Montagezeit für den nächsten Schwingschleifer zu sehen. 2:48-49-50. Alles noch im grünen Bereich. Doch auf einmal kommt bei den Mitarbeitern Hektik auf. Einer flucht leise. 3:39-40-41. Der Bildschirm ändert seine Farbe von Grün zu Gelb. 4:27-28-29. Was ist da los? 4:38-39-40. Der Bildschirm wird rot. *Wiiiiiiiiiiiii!* Ein schriller Signalton ist in der ganzen Werkshalle zu hören. Einer der Mitarbeiter legt den Schwingschleifer, der nach 4 Minuten und 40 Sekunden noch nicht fertig ist, in den Aussortierkorb. Der Teamleiter hat jetzt fünf Minuten Zeit, um zum Montagecenter zu kommen. Gemeinsam mit den Mitarbeitern muss er das Problem lösen. Und auch da zählt jede Sekunde. 21-22-23 ...

Prozesssynchronisierung und Montage im »One-Piece-Flow«

Solche Szenen spielen sich bei diesem Hersteller von Elektrowerkzeugen täglich ab. Die Produktion in dem Unternehmen im Raum Stuttgart ist ein Paradebeispiel für Prozesssynchronisierung im Lean Management. Auf meiner Radtour konnte ich beim Packen die beiden ersten Schritte für diese Prozesssynchronisierung anwenden: Standards schaffen und die Standards optimieren. Ich schaffte mir selbst Aufgabenpakete, indem ich mein Gepäck nicht direkt in die Fahrradtaschen packte, sondern vorher in zehn kleinere Packbeutel. Dabei war ich immer alleine, das heißt, es half mir niemand. So richtig spannend wird es jedoch erst, wenn mehrere Personen an demselben Prozess beteiligt sind. Dann brauche ich im Lean Management Aufgabenpakete, die auszuführen exakt gleich lang dauert. Das Grundprinzip habe ich anhand der drei Freunde, die gemeinsam kochen, bereits erklärt. Wenn es in der Produktion gelingt, solche gleich lang dauernden Aufgabenpakete zu schaffen, erreiche ich in dieser Produktion volle Flexibilität. Eine Montage im »One-Piece-Flow« kann dann zum Beispiel bei niedriger Nachfrage von nur einem einzigen Mitarbeiter ausgeführt werden. Bei höherer Nachfrage montieren zwei, drei oder noch mehr Mitarbeiter das Produkt, wodurch der Output entsprechend steigt.

Mit einem Montagecenter in U-Form zu maximaler Flexibilität

Wenn man bei dem schwäbischen Elektrowerkzeugbauer in die Produktionshalle kommt, fällt als Erstes auf, dass die Mitarbeiter weder an klassischen Werkbänken noch an Fließbändern arbeiten, sondern in Montagecentern. Für jede Produktlinie gibt es ein entsprechendes Montagecenter. Es sieht aus wie ein U. In diesem Halbrund durchläuft das Produkt im »One-Piece-Flow« alle Schritte seiner Endmontage. Die Mitarbeiter stehen im Inneren des U, während das Material von außen an der jeweils passenden Stelle zugeführt wird. Das Tolle an den Montagecentern ist ihre Flexibilität: Es kann nur ein einziger Mitarbeiter in einem Montagecenter arbeiten und die Aufgabenpakete entlang des U nacheinander abarbeiten. Es kann jedoch auch jederzeit ein zweiter Mitarbeiter hinzukommen. Dann teilen sich die beiden Mitarbeiter die Aufgabenpakete untereinander auf. Kommt ein dritter Mitarbeiter hinzu, werden die Aufgabenpakete entsprechend durch drei geteilt. Und so weiter – bis am Ende jeder Mitarbeiter nur noch ein einziges Aufgabenpaket übernimmt. Dann ist die maximale Auslastung des Montagecenters erreicht. Beim Prinzip des Montagecenters können Unternehmen ihre Mitarbeiter also extrem flexibel einsetzen – und so die Höhe des Outputs leicht steuern.

Timing ist alles

Die Arbeit in einem Montagecenter bedeutet schlanke Produktion in Reinkultur. Standardisierung und Synchronisierung sind die Voraussetzung dafür. Standardisierung heißt hier etwa, dass jeder Mitarbeiter für jeden Arbeitsschritt genau die gleichen Handgriffe verrichtet. Standardisierung funktioniert nicht, wenn der eine dieses Werkzeug nimmt und der andere jenes, so wie das in einem Betrieb vielleicht früher mal war. Ein Unternehmen braucht Standards und muss seine Mitarbeiter entsprechend schulen, damit wirklich jeder Mitarbeiter jederzeit einen Handgriff von einem anderen übernehmen oder an einen anderen abgeben kann. Angenommen, die Endmontage eines Schwingschleifers bestünde im Wesentlichen aus den bereits beschriebenen Schritten – vom Einsetzen des Elektromotors in ein Grundgestell bis hin zur Verpackung als letzten Schritt. Dann gilt es, so lange an der Standardisierung, Optimierung und Feinabstimmung zu arbeiten, bis die Teile auf die schnellstmögliche Art eingesetzt werden oder das Verpacken in den Karton mit den optimalen Handgriffen erfolgt. Hinzu kommt dann noch die eigentliche Kunst: das Timing der Aufgabenpakete!

Wenn jemand an der Werkbank lustig vor sich hin montiert, dann ist es eigentlich egal, wie lange ein einzelner Arbeitsschritt dauert. Hauptsache, alles wird in angemessener Zeit fertig. Da kann man auch mal den einen Arbeitsschritt etwas langsamer durchführen und die verlorene Zeit bei einem der nächsten Schritte aufholen. Deshalb braucht man sich über die einzelnen Schritte nicht so viele Gedanken zu machen. Ganz anders in einem Montagecenter nach den Lean-Prinzipien. Nur wenn jedes Aufgabenpaket gleich lang ist, läuft die Sache rund. Diese gleich großen Aufgabenpakete fallen aber leider nicht vom Himmel.

Auch Aufgabenpakete können kontraintuitiv wirken

Das heißt, die Mitarbeiter selbst bzw. Team- oder Gruppenleiter müssen die Aufgabenpakete klug definieren. Möglicherweise müssen sie auch hier wieder längere Zeit tüfteln und durch Ausprobieren und kontinuierliche Verbesserung dafür sorgen, dass das Timing am Ende perfekt passt. Hier begegnet einem wieder das bekannte Problem aus dem Lean Management: Manche der Lean-Gedanken sind einfach kontraintuitiv. Es kann sein, dass ein Facharbeiter, der seit vielen Jahren in einer Produktion arbeitet, zwei oder drei unterschiedliche Arbeitsschritte niemals von sich aus zu einem Aufgabenpaket zusammenfassen würde. Weil sich das für ihn einfach komisch anfühlt. Oder schlicht, weil er es in seiner Ausbildung anders gelernt hat. Es zählt aber nun mal nicht, wie sich etwas anfühlt oder was jemand gelernt hat. An dieser Stelle geht es nur darum, wie sich ein Prozess in Schritte aufteilen lässt, die alle gleich lang dauern. Weil es da emotionale Widerstände bei den Mitarbeitern geben kann, ist viel Fingerspitzengefühl gefragt. Es gilt, nicht nur an »21-22-23« denken, sondern den Mitarbeitern den Lean-Gedanken auch ausreichend zu vermitteln und sie ins Boot zu holen.

Sehen wir uns das am Beispiel der Endmontage eines Schwingschleifers einmal genauer an. Die Montage besteht, wegen der besseren Übersichtlichkeit hier etwas vereinfacht dargestellt, aus folgenden Schritten:

1. Elektromotor ins Grundgestell einsetzen
2. Halterung für das Stromkabel anbringen
3. Schleifkopf montieren
4. Elektronik hinzufügen
5. Gehäusemontage
6. Funktionstest
7. Verpacken des fertigen Geräts

Intuitiv würden die meisten Menschen den Montageprozess wahrscheinlich in genau dieser Reihenfolge abarbeiten. Da das Stromkabel am Elektromotor hängt, macht es durchaus Sinn, erst den Elektromotor in das Grundgestell einzusetzen und dann im nächsten Schritt die Halterung für das Stromkabel anzubringen. Montageanleitungen für Heimwerker oder die Aufbauanleitungen von Ikea sind genauso gestaltet: Sie führen auf eine Weise durch den Prozess, dass man die Schritte als logisch und aufeinander aufbauend empfindet. Nun dauern die sieben Schritte in dieser Montage allerdings unterschiedlich lang. Alles andere wäre auch ein absoluter Zufallstreffer.

Leerlauf durch gleich große Aufgabenpakete vermeiden

Sagen wir – wiederum etwas vereinfacht dargestellt, damit es übersichtlich bleibt –, die Halterung für das Stromkabel anzubringen und die Elektronik einzusetzen, dauert jeweils nur halb so lang wie die übrigen fünf Schritte. Wenn ich diese beiden Schritte als einzelne Aufgabenpakete definiere, erzeuge ich also Leerlauf. Deshalb fasse ich sie besser zu einem einzigen Aufgabenpaket zusammen. Dadurch ergibt sich dann folgende neue Reihenfolge der Montage:

1. Elektromotor ins Grundgestell einsetzen
2. Elektronik hinzufügen *und* Kabelhalter anbringen
3. Schleifkopf montieren
4. Gehäusemontage
5. Funktionstest
6. Verpacken des fertigen Geräts

Diese sechs Aufgabenpakete kommen einem jetzt vielleicht nicht mehr ganz so »logisch« vor. Dafür dauern sie aber alle gleich lang. Weil die Gesamtzahl der Aufgabenpakete eine gerade Zahl ergibt, kann die Montage nun entweder von einem Mitarbeiter allein ausgeführt werden oder von zwei, drei oder sechs Mitarbeitern. Entlang des U reichen mehrere Mitarbeiter jeden Schwingschleifer immer zur nächsten Arbeitsstation weiter. Zwei Mitarbeiter übernehmen jeweils drei Aufgabenpakete, drei Mitarbeiter zwei Pakete, und bei sechs Mitarbeitern hat jeder nur noch ein Paket. Letzteres bedeutet die höchste Auslastung des Montagecenters mit dem maximalen Output. Bei keiner der Varianten kommt es zu Leerlauf. So lässt sich auch mit mehreren Mitarbeitern im »One-Piece-Flow« arbeiten. Jeder arbeitet immer nur an einem Produkt. Es gibt im Montagecenter ganz bewusst keine Ablageflächen. Niemand kann etwas vormontieren und horten.

Ein neuer Taylorismus?

Charlie Chaplin und die Monotonie des Fließbands

Eine Uhr in der Werkshalle, auf der die Sekunden gnadenlos verstreichen. 21-22-23. Exakt getaktete Aufgabenpakete. Eine auf Effizienz getrimmte Arbeitsumgebung. Das Bestreben, die Durchlaufzeit immer weiter zu verringern. Alles im Dienst maximaler Produktivität des Unternehmens. Sind das noch menschliche Arbeitsbedingungen? Oder erinnert das nicht fatal an Charlie Chaplin in dem Filmklassiker »Moderne Zeiten«? Charlie, der Tramp, muss am Fließband immer schneller schrauben, bis er schließlich komplett durchdreht. Monotone Arbeit im Akkord. Arbeit, die Menschen über kurz oder lang in den Wahnsinn treibt. Mit einem Wort: *Taylorismus*. Läuft Lean Management nicht letztlich darauf hinaus? Ist »Respect for People« am Ende nur ein Feigenblatt, ein hehres Ideal zum Einrahmen und An-die-Wand-Hängen? Solche Vorbehalte gegen die Lean-Denkweise gibt es. Gerade in Deutschland gibt es sie. Ich habe sie schon oft gehört.

Doch wenn Lean Management dasselbe wie Taylorismus wäre, wie kommt es dann, dass sich die Mitarbeiter des Elektrowerkzeugbauers all das selbst erarbeitet haben, was ich in diesem Kapitel beschrieben habe? Die Uhr auf dem Bildschirm, der seine Farbe von Grün zu Gelb und Rot wechseln kann, wenn die Montage zu lange dauert. Den schrillen Signalton. Die Ausgestaltung der u-förmigen Arbeitsbereiche ohne Ablagemöglichkeit. Die Aufgabenpakete. Ja, sogar die Zeitvorgabe von 2 Minuten und 40 Sekunden! Alles das entwickelten die Mitarbeiter entscheidend mit. »Von oben« kam nicht mehr als der Anstoß dazu. Sind die Mitarbeiter schon so verrückt wie Charlie, der Tramp, und haben es nur noch nicht gemerkt? Oder kann es sein, dass den Mitarbeitern ihre Arbeit sogar Spaß macht? Dass sie gerne so effektiv arbeiten wie hier und Freude an der kontinuierlichen Verbesserung haben? Bis jetzt kann das Unternehmen jedenfalls offene Stellen besetzen und seine Mitarbeiter halten. Dabei sitzt es in der Nähe von Stuttgart, wo alle zu Daimler oder zu Porsche wollen und andere Firmen auf dem leer gefegten Arbeitsmarkt händeringend Personal suchen.

Winslow Taylor und die Handwerksmeister

Tatsächlich unterscheiden sich Lean Management und Taylorismus grundlegend. Um das zu verstehen, reicht ein kurzer Blick in eine Werkshalle jedoch nicht aus. Man muss sich die größeren Zusammenhänge vor Augen führen. Als der amerikanische Ingenieur Frederick Winslow Taylor um 1900 seine neue Arbeitslehre begründete – und damit das Fundament für die industrielle Massenproduktion des 20. Jahrhunderts legte –, war es sein Hauptanliegen, die Kontrolle über den Produktionsprozess ausschließlich in die Hand des Managements zu geben. Die Gründe dafür lagen schon länger zurück: Die Industrie hatte sich schrittweise aus dem Handwerk entwickelt. Der Handwerksmeister und seine Gesellen wussten einst alles über die Produkte, die sie herstellten, über die Rohmaterialien, die Prozesse, die Qualitätskriterien. Damit kontrollierten sie den Produktionsprozess. Als sie sich dann irgendwann in der Produktionshalle eines Fabrikanten wiederfanden, konnte der Fabrikant sie zwar auffordern, schneller zu arbeiten, wirklich zwingen konnte er sie aber nicht. Denn die Handwerker und später die Arbeiter hatten die Macht über die Prozesse. Genau das wollte Taylor ändern.

Taylorismus: Arbeitsteilung und Dequalifizierung

Taylorismus bedeutet hochgradige Arbeitsteilung bei gleichzeitiger Dequalifizierung der Arbeiter in einem strengen Kommandosystem. Statt an dem gesamten Produktionsprozess mitzuwirken und über alles Bescheid zu wissen – wie früher der Handwerksmeister –, soll der Arbeiter nur noch wenige Arbeitsschritte ausführen und ausschließlich für diese qualifiziert sein. Den gesamten Produktionsprozess soll er gar nicht verstehen. Taylor forderte ausdrücklich, dass die Arbeiter über die großen Zusammenhänge im Unklaren gelassen werden. Sie sollten Vorgaben von oben exakt umsetzen. Punkt. Alles eigene Denken störte dabei nur. Henry Ford, der den Taylorismus in die Tat umsetzte wie kein Zweiter, konnte deshalb den berühmt-berüchtigten Satz sagen: »Warum kommt immer ein Gehirn mit, wenn ich nur um ein paar Hände gebeten habe?« Im Taylorismus hat das Management die totale Kontrolle. Warum? Damit es nach wissenschaftlichen Erkenntnissen die perfekten Arbeitsabläufe planen und von oben anordnen kann.

Manager sind bei Taylor die Herren in einem Reich, in dem alles planbar und im Voraus berechenbar ist. Arbeiter sind nichts als Rädchen in einem Getriebe. Und damit sind wir beim wesentlichen Unterschied zu Lean Management.

Die Mitarbeiter als Handwerksmeister im Produktionsprozess

Lean Management braucht hoch qualifizierte Mitarbeiter, die ein umfassendes Verständnis des jeweiligen Produktionsprozesses entwickeln. Die Lean-Denkweise hat sich von der Illusion totaler Planbarkeit und Kontrolle verabschiedet und setzt – schon lange – auf agile Vorgehensweisen. Sie benötigt die Intelligenz und die Kreativität der Mitarbeiter, wenn es darum geht, Arbeitsumgebungen zu gestalten und Abläufe ständig zu verbessern. Kaizen funktioniert nicht mit Idioten! Im Lean Management geben die Vorgesetzten nur Anstöße, aber keine Anordnungen. Die Mitarbeiter entwickeln die Dinge selbstständig weiter. In gewisser Weise sind die Mitarbeiter im Lean Management wieder das, was der Handwerksmeister in der Fabrik vor Taylor war: Sie sind die Experten für den Produktionsprozess. Sie verstehen die Zusammenhänge und sind in der Lage, Probleme zu lösen und immer wieder Ideen für die Verbesserung der Prozesse zu entwickeln. Damit wird auch klar, woher der Spaß bei der Arbeit kommt. Mitarbeiter wollen mitdenken, eigene Ideen einbringen und mitgestalten. Im Lean Management können, ja sollen sie das im Höchstmaß. Deshalb ist die Arbeit in der Produktion hier auch nicht monoton und langweilig. Die Aufgaben wechseln ständig. Außerdem entwickelt sich alles permanent weiter. Und jeder wirkt dabei mit!

Das Montagecenter bei dem Hersteller von Elektrowerkzeugen ist zum Beispiel das Ergebnis von »Cardboard Engineering« im gesamten Team. Bei dieser agilen Vorgehensweise setzen sich alle, Manager und Mitarbeiter, gemeinsam in der Werkshalle an einen großen Tisch und basteln aus Pappe den zukünftigen Arbeitsplatz. Bei so einer Simulation wird nicht lange diskutiert, sondern hauptsächlich ausprobiert. Vieles wird verworfen, weniges festgehalten und weiterentwickelt. Das Beste setzt sich schließlich durch. Die Arbeit mit Modellen aus Pappe ermöglicht es, viel zu experimentieren. Wenn am Ende dann das fertige Montagecenter dasteht, ist völlig klar, dass die Mitarbeiter, die es von Anfang an mit entwickelt haben, sich mit ihrem Arbeitsplatz ganz anders identifizieren als mit einem Fließband, an das sie irgendein Vorgesetzter hingestellt hat.

Erfolgserlebnisse machen glücklich

Aber warum zum Geier machen die Mitarbeiter sich selbst so viel Zeitdruck? Ist gemütliches Arbeiten nicht viel schöner? Das ist genau das, was Taylor allen Arbeitern unterstellte: dass sie es gemütlich haben und so wenig wie möglich leisten wollen. Aber stimmt das? Als ich auf meiner Radtour 1 Stunde und 40 Minuten fürs morgendliche Packen brauchte, war ich total genervt. Frust machte sich breit, meine ganze Motivation litt darunter. Dieselbe Aufgabe in 35 Minuten zu schaffen, machte mich glücklich. Es war ein Erfolgserlebnis. Und so kenne ich es auch aus Unternehmen: Schlechtes, lahmes, umständliches Arbeiten stellt niemanden zufrieden. Die Mitarbeiter wollen bei der Arbeit gut sein, sich ständig verbessern und Erfolge erleben. Sie machen das nur nicht so gern auf Anordnung von oben. Sie möchten selbst an einer Weiterentwicklung mitwirken. Die Lean-Denkweise setzt genau darauf. Alle sind ein großes Team, begegnen einander auf Augenhöhe und finden gemeinsam die besten Lösungen. Das, und nicht das Ticken der Uhr, sorgt hier eigentlich für den Erfolg.

KAPITEL 7

Das reicht: Verschwendung vermeiden

Ich esse alles mit dem Löffel. Messer und Gabel sind in einem der Pakete gelandet, die ich von unterwegs nach Hause schicke. Der Löffel ist aus Titan. Leicht, schick und teuer. Das nächste Mal nehme ich einen Kunststofflöffel mit. Der reicht.

Dieses Essbesteck aus Titan wollte ich unbedingt haben. Als ich meine Ausrüstung für die Radtour zusammenstellte, klickte ich mich durch die Onlineshops der Outdoorläden. Da bekam ich natürlich den letzten Schrei angepriesen. Darunter waren Dinge, von denen ich früher nie für möglich gehalten hätte, dass sie existieren. Ladegeräte mit Brennstoffzelle zum Beispiel. Oder Trinkflaschen mit eingebautem Wasserfilter.

Den meisten dieser überteuerten Produkte konnte ich widerstehen. Aber das Titanbesteck hatte es mir angetan. Messer, Gabel und Löffel aus dem gleichen Material wie die Triebwerksaufhängung eines Airbus. Dreimal so teuer wie Outdoorbesteck aus Edelstahl – aber ganze 40 Gramm leichter!

Titan- oder Kunststofflöffel?

Gewicht sparen ist unterwegs das A und O, dachte ich. Überflüssiges Gewicht durch die Gegend fahren, ist Energieverschwendung! Verschwendung vermeiden ist lean. Da führt kein Weg dran vorbei. So wurde das Luxusprodukt in meinem Kopf zu einem Must-have.

Bis ich dann unterwegs feststellte, dass ich keine Gabel brauchte, wenn ich allein mitten im Wald vor einem Zelt saß. »Essen« bedeutete nicht

Dinner bei Kerzenschein, sondern schlicht Kalorienzufuhr. Dazu genügte ein Löffel. Und da ich ein Outdoormesser dabeihatte, brauchte ich nicht auch noch ein Tafelmesser. So einfach war das. Also in ein Postpaket mit Messer und Gabel und ab damit nach Hause!

Puh, gar nicht so leicht, so eine Entscheidung. Denn da war eine Barriere im Kopf, die ich aus Unternehmen nur allzu gut kannte. Motto: »Wir haben viel Geld dafür ausgegeben, jetzt wollen wir es auch nutzen!« Diese Haltung ist menschlich verständlich. Aber wenn eine Sache dem Lean-Gedanken widerspricht, dann kann ihre Anschaffung noch so teuer gewesen sein – das ist kein Grund, daran festzuhalten.

Auf meiner Tour sah ich schließlich ein, dass ich Messer und Gabel gar nicht brauchte. Und dass ein Esslöffel nicht so stabil sein muss wie eine Triebwerksaufhängung. Ich behielt den Titanlöffel, weil ich ihn nun mal hatte. Ein Plastiklöffel wäre aber noch leichter gewesen. Und auch nicht gleich kaputtgegangen.

Es geht um Wertschöpfung!

Von Lean Management hat man in praktisch allen produzierenden Unternehmen schon einmal gehört. Die einzelnen in diesem Buch beschriebenen Lean-Prinzipien sind dann jedoch weit weniger bekannt. »Verschwendung vermeiden« ist nach meiner Erfahrung dasjenige Prinzip, das die meisten kennen. Mehr noch, ich schätze, dass mehr als die Hälfte der Unternehmen, in die ich in den letzten Jahren gekommen bin, sich schon einmal auf dieses Prinzip gestürzt haben. Dabei hatten sie nicht unbedingt immer vor, Lean Management komplett einzuführen. Wenn Lean Management mit seinen einzelnen Prinzipien ein Album wäre, dann wäre »Verschwendung vermeiden« so etwas wie der Hit, den alle mitsummen können. Dieses Prinzip leuchtet den meisten unmittelbar ein. Es kommt einfach gut an. Dabei fragen sich die Menschen in den Unternehmen selten, was dieses Prinzip eigentlich umfasst und in welchem größeren Zusammenhang es steht. Alltagssprachlich glauben wir, sofort zu verstehen, was es heißt, nichts zu verschwenden.

Wahrscheinlich sind die meisten Erwachsenen hierzulande so erzogen worden, dass sie nicht mehr einkaufen, als sie verbrauchen können, und nicht mehr kochen, als sie essen können. Dieses Prinzip ist anerkannt. Verschwendung ist schlecht für die Haushaltskasse. Außerdem schämen wir uns, Essen zu verschwenden, solange irgendwo auf der Welt Menschen hungern. Wenn der Nachwuchs dann irgendwann nicht mehr an Muttis Esstisch sitzt, sondern als Azubi in der Kantine, lernt er, dass auch in Unternehmen Verschwendung nicht gern gesehen ist. Mit Verbrauchsmaterialien wird sparsam umgegangen, und auf Dienstreisen ist nicht jeder Luxus drin. Alles andere wäre Verschwendung. Stimmt ja auch.

Verschwendung nicht (nur) alltagssprachlich verstehen

Dieses alltagssprachliche Verständnis von Verschwendung ist allerdings nur ein kleiner Teil dessen, was sich hinter dem Lean-Prinzip »Verschwendung vermeiden« verbirgt. Denn eigentlich geht es hier um Wertschöpfung. Dass wir im Lean Management überhaupt von »Verschwendung« sprechen, ist auch ein Übersetzungsproblem. Als das Toyota-Produktionssystem in den USA populär wurde, hat man das japanische Wort »Muda« mit »waste« übersetzt. »Waste« kann »Abfall«, »Verlust«, »Ausschuss«, »Verschwendung«, »Verschleiß«, aber auch »unnützer Aufwand« bedeuten. Als deutsche Übersetzung von »Muda« bzw. »waste« hat sich dann schließlich »Verschwendung« eingebürgert. Dabei würde es »unnützer Aufwand« mindestens ebenso gut treffen. Die Japaner meinen hier nämlich alle Tätigkeiten im Unternehmen, die sinnlos, nutzlos oder verschwenderisch sind, weil sie in irgendeiner Form Ressourcen binden oder verbrauchen, ohne Werte zu schaffen. Letztlich heißt »Vermeide Verschwendung« also: Tue nichts, was nicht wertschöpfend ist. Das kann heißen: »Verschwende kein Material.« Es kann aber auch heißen: »Treibe keinen unnützen Aufwand.« Es kann heißen: »Spare Gewicht.« Es kann aber auch heißen: »Bewege nichts unnütz hin und her.«

Verschwendung vermeiden: Wertschöpfung steigern

Bei dem Prinzip, das wir uns in diesem Kapitel anschauen, geht es also um weit mehr als das alltagssprachliche Verständnis von »Verschwendung«. Es geht um die dauerhafte Herausforderung, in einem Unternehmen die Wertschöpfung zu steigern – und gleichzeitig alles zu unterlassen, was die Wertschöpfung mindert. Wertschöpfung ist das, wofür der Kunde bereit ist zu bezahlen. Alles, was den Wert eines Produkts nicht erhöht, ist demnach Verschwendung. Wenn jemand zum Beispiel sein Auto zum Lackieren in einen Lackierbetrieb bringt, dann ist er bereit, für das Lackieren zu bezahlen, jedoch nicht dafür, dass es drei Mal über den Hof gefahren und umgeparkt wird. Das sind keine wertschöpfenden Tätigkeiten. Die Schätzungen darüber, wie hoch der Anteil von nicht wertschöpfenden Tätigkeiten in einem Unternehmen durchschnittlich ist, gehen weit auseinander. Das reicht von 40 Prozent bis 75 Prozent. So oder so: Dies ist genau die »Verschwendung«, die im Lean Management gemeint ist. Und es gibt so gut wie kein Unternehmen, in dem sich diese Verschwendung nicht reduzieren ließe.

Was zahlt auf das Ziel ein?

Bei meiner Radtour hatte ich natürlich keine »Kunden«, die mir fürs Radfahren Geld bezahlt hätten. Deshalb war ich auch nicht unmittelbar wertschöpfend tätig. Trotzdem konnte ich das Prinzip »Verschwendung vermeiden« anwenden. Ich fragte mich: Was ist mein Ziel? Und was erschwert es mir, dieses Ziel zu erreichen? Mein Ziel war es, mit dem Fahrrad von Freiburg zum Nordkap und zurück zu fahren. Was hat es mir erschwert, dieses Ziel zu erreichen? Was hat es mir leichter gemacht? Wo habe ich unnützen Aufwand betrieben? Was konnte ich weglassen, um mich aufs Wesentliche zu beschränken und damit einfacher ans Ziel zu gelangen? Alles, was mich meinem Ziel nicht näher brachte, war hier »Verschwendung« im Sinne dieses Lean-Prinzips.

Messer und Gabel des Titanbestecks zum Beispiel waren eindeutig überflüssig. Ein Paradebeispiel für »Verschwendung vermeiden«. Nachdem ich das erkannt hatte, schickte ich es mit der Post nach Hause. Denn was ich nicht mehr dabeihatte, musste ich nicht mehr jeden Morgen packen. Es kostete mich keine Zeit mehr. Ich musste es auch nicht mehr jeden Meter mit meiner Muskelkraft bewegen. Es kostete mich keine Energie mehr. Ich reduzierte also Zeit- und Energieverschwendung.

Macht das Sinn, oder kann das weg?

Schon in Bielefeld ging das erste Paket zur Post. Es wog etwas über 500 Gramm. Ein halbes Kilo, das ich nun morgens nicht mehr packen und tagsüber nicht mehr durch die Gegend fahren musste. Ein halbes Kilo, das mich auch nicht mehr dabei störte, andere Sachen aus den Packtaschen herauszusuchen. Ein halbes Kilo, für das ich keinen Standard mehr brauchte, in welchen Packbeutel und an welche Stelle in den vier Packtaschen es am besten gehörte. 500 Gramm sind jetzt nicht wahnsinnig viel, wenn man mit insgesamt 29 Kilogramm Gepäck unterwegs ist. Aber dieses erste halbe Kilo zu sparen, war das schwerste. Was habe ich auf den letzten Kilometern vor Bielefeld mit mir gerungen, bis ich diese Entscheidung treffen konnte! Schließlich hatte ich das ganze Thema Ausrüstung und Gepäck monatelang durchdacht. Ich hatte mir ohne Ende Gedanken gemacht und mich bis zu meiner Testtour nur zu etwa 70 Prozent festgelegt. Nach der Testfahrt durch die Vogesen glaubte ich dann endgültig zu wissen, was ich brauchte.

Das DOCH-NOCH-Denken

Bloß sah die Welt dann schon in Bielefeld ganz anders aus. Ich fragte mich zum Beispiel: Wozu brauche ich drei T-Shirts? Meine Radfahrsachen hatte ich in dreifacher Ausführung dabei. Also drei Radhosen, drei Trikots, drei Untershirts, drei Paar Socken. Wie viel brauchte ich noch für die wenige Zeit, die ich nicht im Sattel saß? Wirklich drei T-Shirts? Eigentlich genügte eines. Denn um das auf einem Campingplatz zu waschen, konnte ich ja die Radklamotten einfach anlassen. Für die Hosen galt das Gleiche. Ich brauchte nur eine Freizeithose, zusätzlich zu meinen drei Radhosen. Das einzusehen, war auch deshalb so schwierig, weil sich in meinem Kopf ständig Gedankenschleifen nach dem Muster »Was wäre, wenn ...?« bildeten. Was wäre, wenn es doch mal kälter würde? Was wäre, wenn ein T-Shirt einmal Flecken bekäme, die ich nicht mehr rauswaschen könnte? Was wäre, wenn ich dies oder das oder jenes DOCH NOCH brauchen würde? Dieses sorgenvolle Denken in Konjunktiven erwies sich als größter Hemmschuh bei der Aufgabe, mein Gepäck unterwegs zu reduzieren.

Trotzdem schickte ich kurz vor der Grenze zu Dänemark schon das zweite Paket nach Hause. Diesmal waren knapp 700 Gramm darin. Rückblickend betrachtet, war das immer noch zaghaft. Ich machte mir zum Beispiel viel zu viele Gedanken darüber, dass ich abends frieren könnte. Es sollte der Tag kommen, an der Grenze von Schweden zu Norwegen, da würde ich einmal wirklich durchgefroren sein. Doch das hätte ich auch mit noch so warmer Freizeitkleidung nicht verhindern können. In Mittelschweden ging dann ein weiteres Paket nach Hause. Da waren meine Entscheidungen, auf was ich verzichten konnte, schon so in der Mitte zwischen zaghaft und mutig. Ich wurde konsequenter bei der Frage, was ich wirklich brauchte und was nicht. Wie kam das? Drei Faktoren spielten eine Rolle: Erstens fasste ich mehr Vertrauen, dass alles gutgehen würde. Ich wurde gelassener. Zweitens sammelte ich Erfahrung und kam auf Ideen, die ich bei der Planung meiner Tour einfach noch nicht haben konnte. Und drittens wurde mir von Tag zu Tag bewusster, wie entlastend es war, unnützen Aufwand zu vermeiden. Mit jedem Paket, das zur Post ging, spürte ich förmlich die Erleichterung, wieder etwas weniger Gewicht über Tausende Kilometer bewegen zu müssen.

Ballast loswerden – durch Erfahrung und Selbstvertrauen

Als ich Norwegen näher kam, wo es hügeliger werden würde, schickte ich eine Menge Ersatzteile fürs Fahrrad nach Hause. Ich hatte unter anderem vier Sätze Bremsbeläge, ein Tretlager und Spezialwerkzeug dabei. Bei den Bremsbelägen konnte ich jetzt – nach etlichen gefahrenen Kilometern – besser einschätzen, wie lange sie hielten. Deshalb schickte ich zwei Sätze Bremsbeläge nach Hause. Dass ich das Tretlager und die Spezialwerkzeuge nach Hause schickte, hatte einen anderen Grund: Ich hatte jetzt Vertrauen, dass das Tretlager schon halten würde. Je länger ich unterwegs war, desto mehr wich die Anspannung, und desto größer wurde meine Zuversicht, dass alles klappen würde.

Eigentlich kennt das doch jeder: Wenn man sich überlegt, was alles passieren könnte, dürfte man gar nicht mehr aus dem Haus gehen. Die Welt scheint dann nur noch aus Bedrohungen zu bestehen. In Wirklichkeit trickst unser Verstand uns aus. Wovor wir Angst haben, darauf schießen wir uns innerlich ein mit der Folge, dass wir die Gefahr maßlos überschätzen. So passieren beispielsweise kaum Verbrechen in Parkhäusern. Das Risiko, auf offener Straße überfallen zu werden, ist statistisch gesehen um ein Vielfaches größer, als dass einen jemand in einem Parkhaus ausraubt. Trotzdem ist vielen Menschen nachts in düsteren Parkhäusern mulmig, und sie fürchten sich vor Überfällen. Man kann lernen, sich mit Gefahren nicht über Gebühr zu beschäftigen. Mir hätten unterwegs unzählige andere und viel schlimmere Dinge zustoßen können als ein kaputtes Tretlager. Ich beschäftigte mich damit irgendwann nicht mehr und schickte das Ersatz-Tretlager nach Hause. So etwas ist intrinsisches Lernen – eine Änderung der Haltung.

Lauter Lernkurven

Eine andere Art des Lernens setzt dadurch ein, dass ich die Dinge um mich herum immer wieder hinterfrage. Dies ist in der Lean-Denkweise eigentlich das Wichtigste: Nichts für selbstverständlich halten. Immer offen sein für andere und bessere Lösungen. Nie allein die Gewohnheit als einen Grund dafür anerkennen, an etwas festzuhalten. Ich traf mit 29 Kilo Ausrüstung auf Gegebenheiten, die ich vorher nicht kannte und die ich nur bedingt einschätzen konnte. Wie passten meine Ausrüstung und die tatsächlichen Gegebenheiten zusammen? Diese Frage musste ich mir bis zum Schluss immer wieder stellen. So schien zum Beispiel das Solarpanel am Anfang eine tolle Idee. Das Smartphone, die Power-Packs und das Tablet jederzeit aufladen können – super! Als es dann aber tagelang regnete, war an Solarstrom kaum etwas zu holen. Also schickte ich das Solarpanel nach Hause. Ohne Solarstrom machte aber auch das Tablet, das ich mir eigens für die Tour gekauft hatte, nur noch wenig Sinn. So durfte die Post auch das nach Hause befördern.

Hinzu kam, dass ich gelernt hatte, meine vorhandene Ausrüstung sinnvoller einzusetzen. Anfangs glaubte ich zum Beispiel, es sei gut, eine Primaloft-Jacke, also eine warme Unterziehjacke, dabeizuhaben. Obwohl ich auch schon eine Daunenweste mithatte. Im Laufe der Zeit wurde mir bewusst, dass sich die Daunenweste perfekt mit der Regenjacke kombinieren ließ und ich die Primaloft-Jacke gar nicht brauchte.

Zu dem Zeitpunkt war ich schon auf dem Rückweg vom Nordkap und wieder in Schweden. Und jetzt war ich richtig mutig geworden! Eigentlich wäre ich das schon in Norwegen gewesen, aber wegen der Zollvorschriften und der Portokosten wollte ich erst zurück in der EU sein, bevor ich das vierte Paket auf den Weg brachte. Ich hielt bei einer Poststation in einem schwedischen Dorf, suchte mir den größten Karton aus, der vorrätig war, und fragte, wie schwer so ein Paket sein dürfte. Fünf Kilo für umgerechnet 45 Euro waren das Maximum. Na, dann mal los! Ich sortierte rigoros aus und war keine zehn Minuten später schon fast beim Maximalgewicht. Das Stativ für meine Kamera zum Beispiel war mir längst viel zu schwer. Ich kaufte mir ein kleineres und leichteres Stativ und schickte das Profiteil nach Hause. Von all den Sachen, die ich kurz entschlossen in dieses Paket packte, war lediglich die Stirnlampe ein Fehlgriff. In Estland musste ich sie ersetzen, weil es da schon deutlich früher dunkel wurde.

Fehlgriffe passieren (eher selten)

Eine größere Aktion war dann noch der Austausch des Schlafsacks. Ich packte meinen dicken, schweren Schlafsack in Paket Nummer fünf, das auch noch von Schweden aus auf die Heimreise ging. Eigentlich war er die ganze Zeit zu warm gewesen. Jetzt, da es nur noch Richtung Süden ging, war er endgültig verzichtbar. Nun gibt es im dünn besiedelten Schweden nicht an jeder Ecke Schlafsäcke zu kaufen. Deshalb ließ ich mir einen neuen Schlafsack aus Deutschland zu einem Campingplatz schicken. Den Schlafsack dort abzuholen, kostete mich einen Tag Umweg. Das war noch ein letztes Mal eine etwas schwierige Entscheidung. Lohnte sich dieser Aufwand? Und was, wenn es doch noch einmal kalt werden würde? Schließlich hatte ich auch ein bisschen Glück. In Litauen war es in einer Nacht sieben Grad kalt. Der neue Schlafsack war für Nachttemperaturen bis sechs Grad geeignet. Das war knapp. Aber noch zwei Monate in einem viel zu warmen Schlafsack schlafen? Das wäre keine gute Alternative gewesen. Also war die Entscheidung für den leichteren Schlafsack richtig. Zumal ich nur zwei Tage nach dieser kalten Nacht in Litauen bei Tagestemperaturen von knapp 40 Grad durch die polnische Sonne radelte.

Das sechste und letzte Paket aus Tallinn nach Hause zu schicken, machte mir dann schon richtig Spaß. Ich wusste, dass ich die nordische Kälte hinter mir hatte, und freute mich auf mitteleuropäisches Augustwetter. Meine Daunenweste und die restlichen warmen Wintersachen durften endlich die Heimreise antreten. Und wie froh war ich erst, dass sich das Thema Knotts erledigt hatte! Das ganze Mückenzeug kam also auf die Post auch der Hut mit dem Mückennetz. An Mücken wollte ich vorläufig nicht mehr erinnert werden!

Sechs Pakete mit acht Kilo – oder 27 Prozent Ersparnis

Unterm Strich schickte ich in den sechs Paketen acht Kilo nach Hause. Ich reduzierte mein Gepäck damit von 29 auf 21 Kilo, das sind 27 Prozent Ersparnis. Selbstverständlich bedeuten acht Kilo weniger Gepäck auch weniger Packzeit jeden Morgen. Wie ich im vorherigen Kapitel beschrieben habe, war der eigentliche Hebel zum Sparen von Packzeit jedoch, dass ich Standards geschaffen und diese weiter optimiert habe. Doch selbstverständlich trug auch die Reduktion des Gepäcks dazu bei, dass ich meine tägliche Packzeit letztlich um 65 Prozent reduzieren konnte. Ich hatte insgesamt mehr Kraft und mehr Zeit, um mein Ziel zu erreichen. Und für jede weitere lange Tour lernte ich, was ich gar nicht erst anschaffen muss. Zum Beispiel ein Tablet oder ein Solarpanel. Oder dieses verrückte Titanbesteck. Auch überflüssige Anschaffungen sind Verschwendung. Bei mir ging es nur um einige Hundert Euro. In Unternehmen sind es schnell Hunderttausende.

Messies in der Lagerhalle

Messies nennt man Menschen, die nichts wegwerfen können. Ihre Wohnungen sehen irgendwann aus wie das Innere eines Müllcontainers. Jeder hat schon mal Fotos von solchen Wohnungen gesehen oder kennt vielleicht sogar einen Messie. Das »Messie-Syndrom«, in der klinischen Psychologie auch »Hortungszwang« genannt, basiert auf einer Störung der sogenannten Wertbeimessung. Messies haben Schwierigkeiten zu beurteilen, welchen Wert oder Nutzen Gegenstände haben, und sie entsprechend zu behandeln. Sie können nichts wegwerfen aus Angst, es irgendwann dringend zu brauchen. Sie horten selbst Tageszeitungen oder Werbeprospekte. So leben Messies am Ende im totalen Chaos. Mit dem Horten verbunden ist die Unfähigkeit, sich zu entscheiden. Entscheidungen schieben sie auf. Nun sind Syndrome, die wir gesellschaftlich als »gestört« bewerten, oft nur die extreme Variante von Verhaltensweisen, die noch als »normal« gelten. So ist es auch hier. Ich will gar nicht wissen, wie viele »normale« Haushalte mit Messie-Anteilen es gibt. Man muss nur mal im Familien- oder Bekanntenkreis ein wenig hinter die Kulissen blicken.

Der Klassiker schlechthin ist der unaufgeräumte Keller. Da sind Kellerräume bis zur Decke mit Sachen vollgestopft, die man »noch mal brauchen« könnte oder von denen man sich aus welchem Grund auch immer nicht trennen kann. Irgendwann werden solche Keller gar nicht mehr betreten. Wozu auch? Wiederfinden lässt sich hier ohnehin nichts. Ähnlich ist es mit Schränken, die mit Papieren vollgestopft sind. Das Schreiben der Versicherung von 1997 könnte ja noch mal wichtig werden! Ganz zu schweigen von den Kleiderschränken, in denen sich Klamotten finden, die Leute jahrelang nicht getragen haben. Aber sie »hängen daran«, sagen sie. In der Speisekammer setzt sich das Muster fort. Gläser und Konserven, um den nächsten Weltkrieg zu überleben, der hoffentlich nie kommt. Leider ist das meiste schon über dem Haltbarkeitsdatum. Aber das fällt nicht auf, weil in diesem Lebensmittellager keiner mehr den Überblick hat. Und wenn man dringend etwas braucht, durchsucht man nicht etwa die überfüllte Speisekammer, sondern rennt schnell zum Supermarkt.

Unternehmen und ihre Messie-Lager

Schließlich die Unternehmen mit den Messie-Anteilen. In ihnen findet sich exakt dasselbe Schema. Und wieder muss man nicht lange nach Beispielen suchen. Ich kenne kaum ein Unternehmen, das keine Messie-Anteile hat, bevor es Lean Management einführt. Da werden dann zum Beispiel 20.000 Teile auf Lager gehalten, obwohl 1.000 für die Produktion vollkommen reichen würden. Der Klassiker hier: Ein Teil wird wirklich mal dringend gebraucht, ein Mitarbeiter verschwindet für eine halbe Stunde im gigantischen Lager, nur um am Ende zu verkünden, ausgerechnet dieses Teil sei gerade nicht vorrätig. Kein Wunder, denn im Messie-Lager geht der Überblick genauso verloren wie im Messie-Keller. Doch oft werden weder Überproduktion noch zu hohe Lagerbestände als Problem erkannt. Geschweige denn, dass man darin Verschwendung sehen würde.

Hoher Lagerbestand ist nicht gleich Lieferfähigkeit

Oft höre ich in Unternehmen: »Wir müssen unbedingt lieferfähig bleiben!« Die Lieferfähigkeit wird als Flaschenhals gesehen. Man hat panische Angst, eines Tages irgendetwas nicht liefern zu können. Damit werden irrsinnige Lagerbestände gerechtfertigt. In Wirklichkeit macht die Unfähigkeit, sich von Dingen zu trennen, die Situation nur noch schlimmer. Studien haben erwiesen, dass die Lieferfähigkeit umso geringer ausfällt, je höher der Lagerbestand ist. Man verliert den Überblick, weil die falschen Teile gelagert werden. Fehler fallen nicht auf, wenn Teile erst einmal lagern, statt sie weiterzuverwenden. Am Ende kommt dann das böse Erwachen. Das Lager ist zwar voll, aber es ist auch jede Menge Ausschuss dabei, der lustig vor sich hinlagert. Die Probleme sind im Lager geparkt, anstatt gelöst zu werden.

Nicht hart arbeiten, sondern smart

In einem Metall verarbeitenden Unternehmen wurden im Schnitt 30 Aluminiumgehäuse am Tag bestellt. Mal waren es etwas mehr, mal etwas weniger. Man hätte leicht ausrechnen können, dass man mit 250 Gehäusen am Lager ungefähr acht Tage lang Puffer hätte und jeden Besteller jederzeit beliefern könnte. Doch die Angst, dass etwas schieflaufen könnte, war so groß, dass ständig mehr als 1.000 Gehäuse am Lager waren. Damit nicht genug. Bis so ein Gehäuse überhaupt einmal eingelagert war, hatte es schon 1,4 Kilometer Weg über das Werksgelände zurückgelegt. Reisezeit: 33 Minuten. Und jetzt kommt es: Vor der Einführung von Lean Management hatte das niemand als ein Problem angesehen. Niemandem war aufgefallen, dass das Unternehmen hier etwas Nutzloses tat. Warum eigentlich nicht? Weil die richtige Perspektive fehlte!

Es gab lauter historische Gründe, warum die Dinge hier so liefen, wie sie liefen. Verschwendung zu vermeiden, war nie ein Thema gewesen. Jedes Gehäuse wurde in zwei Werken bearbeitet, die einander gegenüberlagen, durch eine Werksstraße getrennt. Für die Transportwege gab es eine Einbahnstraßenregelung. Lkw und Gabelstapler sollten immer in dieselbe Richtung fahren und nie Gegenverkehr haben. So hatten es besorgte Menschen einmal festgelegt. Ein paar Zwischenstationen gab es auf dem weitläufigen Werksgelände auch noch, an denen die Gabelstapler die Gehäuse absetzen und andere Gabelstapler diese wieder aufnehmen mussten. Auch das hatte seine Gründe. Und auch hier war der Gedanke der Verschwendung von Ressourcen niemandem durch den Kopf gegangen.

Mit dem Wertstromdesign zum optimalen Ablauf

Durch eine gängige Form der Optimierung – nämlich mithilfe einer Wertstromanalyse und eines Wertstromdesigns – kamen wir schließlich auf 500 Meter statt 1,4 Kilometer Transportweg. Dafür waren nur noch 7 statt 33 Minuten nötig, da es nun auch keine Zwischenstationen mehr gab. Am Ende waren nicht mal mehr über 1.000 Gehäuse am Lager, sondern genau die 250, die mehr als ausreichend waren. Warum nicht gleich so? Weil Umdenken und ein anderes Handeln gar nicht so einfach sind. Es war wie bei meiner Radtour: Am Anfang fragen sich die Mitarbeiter des jeweiligen Unternehmens ganz zaghaft, ob sie nicht vielleicht etwas weglassen können – *obwohl* nicht ganz auszuschließen ist, dass sie es *eventuell* noch mal gebrauchen könnten. Dann werden sie mit der Zeit mutiger. Sie fassen Vertrauen. Irgendwann fragen sie sich, warum sie sich das Leben eigentlich so unnötig schwer machen. Warum sie aus Angst vor Problemen Dinge tun, die nur Probleme schaffen. Und dann erst beginnen sie, smart statt hart zu arbeiten.

Die Betriebsblindheit der Mitarbeiter

Einmal auf diese Spur gekommen, wachsen Mitarbeiter in Unternehmen immer mehr in das ganzheitliche, an der Wertschöpfung orientierte Denken hinein. Sie entwickeln Spaß an der Optimierung. Sie haben keine Angst mehr vor

Problemen, weil sie ihrer gewachsenen Problemlösungskompetenz vertrauen. Bei dem Metall verarbeitenden Unternehmen war eine Wertstromanalyse die Methode, mit der sich Verschwendung sehr gut aufzeigen ließ. Sie öffnete den Mitarbeitern die Augen und begünstigte ein Umdenken. Ich erwähne das hier nur am Rande, da es nie auf die Methoden ankommt, sondern immer darauf, umzudenken und zu lernen. Lange Transportwege auf einem größeren Werksgelände werden zum Beispiel oft übersehen. Wenn ich mich mit den Mitarbeitern jetzt gedanklich auf das Aluminiumgehäuse setze und wir zusammen seinen Weg verfolgen – wie lange es bearbeitet wird, wo es überall wie lange liegt, wie es wohin transportiert wird –, dann ist das oft schon ein großer Augenöffner. Die Mitarbeiter gehen normalerweise buchstäblich betriebsblind durch ihren Betrieb. Das würde ich auch nie jemandem vorwerfen. Unsere menschlichen Gewohnheiten dienen dazu, Energie zu sparen. Und es gehört nun einmal zu diesem Energiesparmodus, dass wir nicht mehr darüber nachdenken, was wir tun, solange es einigermaßen läuft.

Methoden ersetzen nicht das Lernen

Methoden – egal welche es sind – können das eigene Lernen nie ersetzen. Sie helfen, Dinge sichtbar zu machen und Probleme ans Licht zu bringen. Entscheidend ist immer, was Mitarbeiter lernen. Allein mit Methoden oder theoretischem Wissen kommt man nicht weit. Das weiß ich seit meiner Radtour nur allzu gut. Alles Wissen über Verschwendung und wie man sie vermeidet, hatte ich ja schon, bevor ich losgefahren bin. Ich hatte den nötigen Blick, ich kannte die Methoden. Dennoch fiel es mir wahnsinnig schwer, die ersten Pakete zu packen und mich von den Sachen darin zu trennen. Und mir fiel teilweise erst nach Wochen auf, wie unpraktisch manches war, das ich eingepackt hatte. Das schwere Stativ für die Kamera zum Beispiel. Agiles Vorgehen war hier der eigentliche Schlüssel zur Optimierung. Immer wieder hinterfragen, immer wieder lernen und neu kombinieren. Dabei vor allem auch Geduld haben, denn Lernen braucht Zeit. Und genauso ist es im Unternehmen.

7 + 1 Art der Verschwendung

Okay, ich bin bereit zu lernen. Ich will Probleme ans Licht bringen, Verschwendung abstellen und die Wertschöpfung erhöhen. Worauf sollte ich besonders achten? Im Lean Management gibt es eine bekannte Unterscheidung in »7 Arten der Verschwendung«. Sie ist so bekannt, dass viele Menschen es für den kompletten Lean-Ansatz halten, diese sieben Verschwendungsarten zu eliminieren. Das ist natürlich Unsinn. Trotzdem hilft diese Unterscheidung dabei, in Produktionsprozessen genauer hinzusehen und unnützen Aufwand erkennbar zu machen. Nicht alle Verschwendungsarten sind für jeden Produktionsprozess gleichermaßen relevant. Bei der Produktion von Aluminiumgehäusen in dem Metall verarbeitenden Betrieb war es zum Beispiel so, dass auf einem weitläufigen Werksgelände viele einzelne Gebäude standen. Da sind dann natürlich die Transportwege ein Thema, das man sich genau anschauen sollte. Wo auf engem Raum produziert wird, ist das vielleicht nicht so kritisch. Die unterschiedlichen Verschwendungsarten helfen dabei, genauer hinzusehen. Nicht mehr, nicht weniger. Zur Erinnerung: »Verschwendung« ist in der Lean-Denkweise alles, was aus Kundensicht den Wert eines Produkts oder einer Dienstleistung nicht erhöht.

Das Toyota-Produktionssystem und die »7 Arten der Verschwendung«

Die klassischen »7 Arten der Verschwendung« aus dem Toyota-Produktionssystem wurden im Laufe der Zeit um eine weitere ergänzt. Man spricht daher heute von »7 + 1 Art der Verschwendung«. Hier sind alle acht Verschwendungsarten im Überblick:

1. **Überproduktion.** Das Unternehmen produziert mehr als nötig. Motto: »Hauptsache, wir können liefern.« In Wirklichkeit sinkt die Lieferfähigkeit. Überproduktion ist die Mutter aller Verschwendung. Sie zieht oft weitere Verschwendungsarten nach sich.
2. **Ausschuss.** Dass es sich bei Ausschuss aufgrund mangelnder Qualität um Verschwendung handelt, leuchtet sofort ein. Man hat ganz oder teilweise (wenn sich der Fehler mit Nacharbeit beheben lässt) umsonst gearbeitet.

3. **Transportwege.** Wenn ein Unternehmen Dinge unnötig durch die Gegend bewegt, verschwendet es Zeit und Energie. Herumgekarrt wird so ziemlich alles: Rohstoffe, Arbeitsmittel, Vorprodukte, fertige Produkte.
4. **Wartezeiten.** Wenn Mitarbeiter herumstehen, weil andere Mitarbeiter mit ihrer Arbeit noch nicht fertig sind, ist die Prozesssynchronisierung (siehe Kapitel 6) noch nicht perfekt. Es gibt Firmen, in denen ein Großteil der Durchlaufzeit aus Wartezeiten besteht.
5. **Bestände.** Was herumliegt, ohne dass es im Moment gebraucht wird, sind Bestände. Es gibt zu hohe Bestände an Rohmaterial, zu hohe Lagerbestände an fertigen Produkten und zwischendrin alles Mögliche, was sich als Puffer horten lässt.
6. **Unangemessene Prozesse.** Man betreibt viel zu viel Aufwand und macht die Dinge unnötig kompliziert. Das Phänomen ist auch als »Over-Engineering« bekannt. Man tut etwas, weil man es kann. Und nicht, weil der Kunde es honorieren würde.
7. **Unnötige Bewegung.** Hat ein Mitarbeiter immer alles zur Hand, was er gerade braucht? Wenn er ständig suchen, zu Regalen rennen oder auch nur Werkzeug vom Tisch des Kollegen holen muss, bewegt er sich unnötig.
8. **Nicht genutztes Mitarbeiterwissen.** Eine Form der Verschwendung, die oft am wenigsten auffällt, ist das verschwendete Mitarbeiterwissen. Wo Mitarbeiter nicht gefragt werden, da bleiben auch ihre Ideen für mehr Produktivität ungenutzt.

Die unterschiedlichen Verschwendungsarten stehen in einem engen Zusammenhang und bedingen einander oft. Überproduktion zum Beispiel führt auch oft zu langen Transportwegen, die wiederum Wartezeiten nach sich ziehen. Man kann die Verschwendungsarten zwar gedanklich trennen, sollte sich aber immer den gesamten Prozess anschauen. In den meisten Unternehmen gehört es zu den wichtigsten Lernaufgaben, dass alle Mitarbeiter einzuschätzen lernen, wie sich einzelne Entscheidungen auf den gesamten Produktionsprozess und die Durchlaufzeiten auswirken.

Den Gesamtprozess im Blick haben

Nehmen wir nur die Einbahnstraßenregelung auf dem Werksgelände des Metall verarbeitenden Unternehmens. Diese war sicher gut gemeint, um es Fahrzeugführern leichter zu machen und Unfälle zu vermeiden. Doch derjenige, der das eingeführt hat, scheint keinen Gedanken daran verschwendet zu haben, was diese Maßnahme für die Durchlaufzeit bedeutete. Wer den Gesamtprozess im Blick hat, der weiß, dass er solch eine Regelung nicht treffen darf. Er muss sich etwas anderes einfallen lassen, damit auf dem Gelände keine Fahrzeuge kollidieren. Kreativität ist gefragt. Man könnte sich zum Beispiel mal einen großen Flughafen ansehen und beobachten, wie da der Verkehr auf dem Vorfeld geregelt ist. Die Luftfahrtbranche ist allgemein ziemlich gut darin, höchste Effizienz der Prozesse mit maximalen Sicherheitsstandards zu verbinden.

Hin und wieder ist es sicher auch Interpretationssache, ob etwas Verschwendung ist oder nicht. Ferdinand Piëchs Spaltmaß-Fanatismus zum Beispiel galt beim Erzrivalen General Motors immer als lustiges Beispiel für typisch deutsches »Over-Engineering«. Bei VW und Audi war man hingegen überzeugt, dass der Kunde ehrfurchtsvoll über die Fugen seines neuen Autos streichen und sagen würde: »*Das* ist deutsche Wertarbeit.« Wichtig ist hier, überhaupt aus Kundensicht zu denken! Im Zweifel sagt einem die Marktforschung, ob der Kunde die eigenen Bemühungen honoriert oder nicht. Denn am Ende dreht sich immer alles um den Kunden. Wofür ist er bereit zu zahlen?

KAPITEL 8

6 Stunden pro Tag: Rhythmus aufbauen

Da! Ein Kiosk! Da hinten gleich noch einer! Ich ziehe die Bremsen durch. Ich will was Süßes!

Polen ist ein Konsumparadies. Na ja, vielleicht nicht unbedingt, wenn man gerade aus Deutschland kommt. Aber wenn man vorher wochenlang in Nordnorwegen und -schweden, Finnland und dem Baltikum unterwegs war, dann definitiv.

Im hohen Norden Europas befinden sich so wenige Einkaufsmöglichkeiten, dass ich auf meiner Tour jede einzelne nutzen musste. Wo es nur alle 150 Kilometer einen Laden gibt, da hält man besser jedes Mal an und versorgt sich mit Lebensmitteln. Es sei denn, man hat ein Gefährt mit üppigem Stauraum. Und ich hatte nur mein Rad und meine Packtaschen.

Wie die Wochen so vergingen in den Weiten Skandinaviens, wurde es zu meinem Rhythmus, jede Einkaufsmöglichkeit anzusteuern. Kaum hatte ich einen kleinen Laden oder einen Tankstellenshop erblickt, stand mein Fahrrad auch schon davor, und ich deckte mich mit Müsli, Obst und anderen Produkten für meinen täglichen Bedarf ein.

Auf der Rückfahrt dann plötzlich das polnische Konsumparadies. In jedem kleinsten Dorf ein Kiosk! Manchmal zwei. Und dann in jeder Kleinstadt wieder Supermärkte, genau wie unsere Discounter zu Hause. Bloß mit etwas anderem Sortiment. Prompt war ich völlig überfordert von dieser wiedergewonnenen Vielfalt. Alle zehn Kilometer machte ich jetzt eine Pause und haute mir Süßkram rein. Oh je!

Die Folgen ließen nicht lange auf sich warten. Nach Wochen auf dem Rad war ich eigentlich perfekt durchtrainiert. Es fühlte sich jetzt aber von Tag zu Tag weniger so an. Und wenn mich vor der Tour jemand gefragt hätte, ob man Bauchfett ansetzen kann, wenn man 5,5 bis 6 Stunden am Tag Fahrrad fährt, dann hätte ich gesagt: niemals. Heute weiß ich: Doch, doch, man kann.

Die Rhythmen der Nordkaptour

Rhythmus war entscheidend auf meiner Radtour. Ich baute ganz unterschiedliche Rhythmen parallel auf. Der wohl wichtigste war der Tagesrhythmus. Gegen 7.30 Uhr aufstehen, frühstücken, packen und dann konsequent 5,5 bis 6 Stunden lang im Sattel sitzen. Bei absolut jedem Wetter. Hinzu kam zum Beispiel der Rhythmus, sechs Tage zu fahren und dann einen Ruhetag einzulegen.

In Skandinavien entstand irgendwann auch noch der Einkaufsrhythmus. Den hätte ich aber in Polen dringend umstellen müssen. Denn Rhythmen unterstützen mich auf Dauer nur dann, wenn ich sie stets an neue Gegebenheiten anpasse. Das hatte ich versäumt.

Slave to the Rhythm

Warum ist Rhythmus eigentlich so wichtig, dass es auch im Lean Management zu den wichtigsten Prinzipien zählt, Rhythmus aufzubauen? Zunächst sind wir Menschen einfach Rhythmustiere. Unsere Leistungsfähigkeit steigt enorm, wenn wir uns an Rhythmen halten. Wer jeden Tag um 22 Uhr ins Bett geht und acht Stunden schläft, der kann mit derselben Konstitution unvergleichlich mehr leisten als jemand, der immer zu unterschiedlichen Zeiten schlafen geht und vielleicht öfter auch noch Schlafmangel hat. Der zweite Aspekt ist, dass man mit Rhythmen eigentlich alles im Leben besser planen kann. Keine Schule ohne Stundenplan, also Rhythmus. Und kein Unternehmen ohne geregelte Arbeitszeiten, wiederum Rhythmus. Selbst wenn ich die Arbeitszeiten weitgehend flexibilisiere, brauche ich immer noch Rhythmen, weil Menschen anders nicht zuverlässig zusammenarbeiten können. Die Rhythmen werden mit der Flexibilisierung bloß subtiler und komplizierter. Manchmal sind sie nicht mehr auf den ersten Blick erkennbar. Aber es gibt sie.

Rhythmus als einer DER Erfolgsfaktoren

Als Experte für Lean Management war mir von vornherein klar, dass Rhythmus einer der wichtigsten Erfolgsfaktoren meiner Radtour sein würde. Ich hatte ja null Erfahrung damit, so weite Strecken mit dem Fahrrad zu fahren. Also brauchte ich erst einmal etwas, das mir überhaupt die Sicherheit gab, es schaffen zu können. Bereits hier kam der Rhythmus ins Spiel. Bei meiner ersten Grobplanung checkte ich einfach per Google Maps, wie weit es von Freiburg zum Nordkap ist. Da ich nicht auf demselben Weg zurück fahren wollte, sondern übers Baltikum, rechnete ich für diesen Umweg noch etwas dazu und kam insgesamt auf rund 10.000 Kilometer. Wenn ich an 100 Tagen jeweils 100 Kilometer fahren würde, dann wäre es also zu schaffen, sagte ich mir. Noch 20 Ruhetage dazugerechnet, würde ich 120 Tage benötigen. Die Zeit hatte ich. Die Tour war somit machbar. Vorausgesetzt, ich würde meinen Rhythmus halten und – abzüglich der Ruhetage – jeden Tag 100 Kilometer fahren.

Natürlich konnte ich nicht sicher wissen, ob ich es tatsächlich körperlich schaffen würde, über Monate hinweg jeden Tag 100 Kilometer Rad zu fahren. Denn meine Grundfitness war nicht überragend. Vor der Tour fuhr ich zwei Stunden pro Woche Mountainbike. Mehr ging nicht, denn ich war beruflich sehr eingespannt. Trotzdem traute ich mir die Tour zu. Ich vertraute schlicht dem Prinzip des Rhythmus. Kontinuierliche Höchstleistung wird durch Rhythmen möglich. Das erforderte für meine Tour allerdings eine doppelte Disziplin: Ich musste mich aufraffen, jeden Tag mein Pensum zu fahren. Ich durfte das Pensum aber auch nicht überschreiten, wenn ich gut drauf war und gerne noch etwas mehr gefahren wäre.

Es ist typisch für Rhythmen, dass man sie langsam aufbauen muss und es eine Weile dauert, bis sie sich eingespielt haben. Ich fing mit dem

Tagesrhythmus an. Erst legte ich nach zwei Fahrrad-Tagen einen Ruhetag ein, dann nach drei Tagen und so weiter, bis ich schließlich den Rhythmus aufgebaut hatte, sechs Tage zu fahren und mich an einem Tag auszuruhen. Diesen Rhythmus behielt ich bis zum Ende der Tour bei. Nicht bewährt hat es sich, 100 Kilometer am Tag zu fahren. Die Gründe habe ich in einem früheren Kapitel schon einmal erklärt: Wind und Wetter hatten einen viel zu großen Einfluss auf die tägliche Fahrstrecke, um diese zur Grundlage eines Rhythmus zu machen. Was ich dagegen immer beeinflussen konnte, war die täglich im Sattel verbrachte Zeit. Wie viel Fahrzeit am Tag ergab nun einen gesunden Rhythmus, der es mir gleichzeitig ermöglichte, mein Ziel zu erreichen? Das konnte ich nur durch Ausprobieren herausfinden. Nach etwas über zwei Wochen kam ich darauf, dass es das Beste war, zwischen 5,5 und 6 Stunden am Tag zu fahren. Je nach Wetterverhältnissen und Topografie ergab das eine Fahrstrecke von 80 bis 120 Kilometern am Tag. Mein Spitzenwert waren 145 Kilometer. Dafür kam ich an anderen Tagen kaum vom Fleck. Das machte aber nichts, denn unter dem Strich passte es.

Die entscheidenden Rhythmen finden

Somit hatte ich meine beiden wichtigsten Rhythmen gefunden: nämlich wie viele Tage ich am Stück fahre und wie viele Stunden am Tag. Obwohl ich als Untrainierter losgefahren war, hatte ich an keinem Tag Muskelkater. Ich musste mich nie morgens überwinden, loszufahren. Sitzbeschwerden gab es auch nicht – und davor hatte ich vor der Tour richtig Angst gehabt. Doch 35 Stunden in der Woche auf einem harten Sattel zu sitzen, erwies sich als erstaunlich unproblematisch. Das führe ich entscheidend darauf zurück, dass ich mich nie überfordert habe. Halt, das stimmt nicht! Einmal habe ich mich überfordert. Aber davon erzähle ich erst im nächsten Kapitel.

Es ist oft so, dass ein Takt weitere Takte vorgibt – in der Unternehmenswelt wie auch auf meiner Tour. Meine beiden Grundrhythmen gaben mir den Tagesablauf und damit weitere Rhythmen vor. Jeden Morgen stand ich um 7.30 Uhr, spätestens 8.00 Uhr, auf, um mein Tagespensum gut zu schaffen und gegen Abend rechtzeitig am nächsten Übernachtungsplatz zu sein. Einen Wecker brauchte ich nie.

Rhythmen, die man pflegt, spielen sich ein. Jeden Mittag machte ich 30 bis 45 Minuten Pause. Der genaue Zeitpunkt der Mittagspause war nicht wichtig. Schließlich legte ich mich täglich gegen 22.00 Uhr, spätestens 22.30 Uhr, schlafen. Ich brauchte viel Schlaf, um ausreichend zu regenerieren. Noch wichtiger waren hier aber die festen Zeiten. Obwohl es im Sommer nördlich vom Polarkreis 24 Stunden lang hell ist, hatte ich dort nie Schlafprobleme. Das führe ich auch auf meinen festen Schlafrhythmus zurück.

Einsteins Herdplatte

Der Physiker und Nobelpreisträger Albert Einstein streckt einem nicht nur auf allen möglichen Postern, T-Shirts und Kaffeetassen die Zunge raus (als Vorlage dafür dient ein Pressefoto vom 14. März 1951), sondern er hat der Welt auch jede Menge Sprüche und Zitate hinterlassen. Eines der berühmten Zitate lautet: »Wenn ein Mann zwei Stunden lang mit seiner Geliebten zusammensitzt, dann kommt es ihm vor wie eine Minute. Säße er eine Minute auf einer heißen Herdplatte, dann käme es ihm vor wie zwei Stunden.« Manche behaupten, Einstein habe damit nur ausgesprochen, was ohnehin jeder wisse. Okay, das kann sein. Manchmal braucht es aber erst ein Genie, um das angeblich Offensichtliche auf den Punkt zu bringen. Einstein zeigt mit seinem Vergleich, dass es Uhrzeit und gefühlte Zeit gibt. Zeit und Zeiterfahrung sind nicht dasselbe. Überall, wo Menschen im Spiel sind, gibt es neben der messbaren Zeit also auch das unterschiedliche Erlebnis von Zeit. Auch auf meiner Tour war das durchaus ein Thema. Wenn ich einen Tag lang gefahren war, hatte ich meinen mentalen Tiefpunkt meist so nach 3,5 bis 4 Stunden. Dann zog sich die Zeit plötzlich in die Länge. Ich dachte oft: Über eine Stunde muss ich jetzt noch strampeln! Und diese Stunde zog sich dann wie Kaugummi. Hatte ich die 5 Stunden Fahrzeit aber einmal überschritten, schien die Zeit wieder schneller zu vergehen.

»Lernzone«, »Komfortzone«, »Stresszone« und das Zeitempfinden

Vor dem Tourstart dachte ich, dass die angenehmen Etappen besonders kurzweilig werden würden. Motto: Wie die Zeit vergeht, wenn man sich amüsiert! Doch das war überhaupt nicht der Fall. Im Gegenteil: Wenn es total easy war zu fahren, zum Beispiel im Baltikum bei tollem Sommerwetter und mit leichtem Rückenwind, dann wollte die Zeit auf dem Rad gar nicht rumgehen. Wenn ich dagegen gefordert war und mich konzentrieren musste, weil zum Beispiel starker Gegenwind herrschte oder das nächste schwere Gewitter sich zusammenbraute, verging die Zeit für mich viel schneller. Wie ich an anderer Stelle schon einmal geschrieben habe: Es ist gut, gefordert zu sein! Gefordert, aber nicht überfordert. Das gilt so gut wie überall im Leben. Auch wo Menschen in Produktionsprozesse einbezogen sind, zählen nicht allein ihre objektiven Zeitressourcen, sondern auch, wie sie Zeit erleben. Wenn sie immer ein wenig herausgefordert sind, befinden sie sich in der »Lernzone«, die zwischen der »Komfortzone« und der »Stresszone« liegt. In dieser Lernzone geraten wir leicht in einen Flow und haben ein positives Zeitgefühl. Wobei ich mir – rückblickend betrachtet – auf meiner Tour schon einiges an Lernen zugemutet habe. Beim Start war ich nicht nur untrainiert, sondern auch ein bekennender Schönwetterfahrer. Regenklamotten fürs Fahrrad besaß ich gar nicht! Ich kaufte sie mir erst eigens für die Tour. Und dann brauchte ich sie auch wirklich, da es an 47 Tagen regnete.

Ein guter Rhythmus funktioniert *immer*

Neulich sprach ich mit einem Zuhörer einer meiner Vorträge, der auch einmal mit dem Fahrrad bis zum Polarkreis gefahren war. Auf seiner Tour hatte es an ganzen zwei Tagen geregnet! So hätte ich mir das ebenfalls gewünscht. Dass es nicht so kam, erinnerte mich an eines: Ein Rhythmus ist nur dann ein guter Rhythmus, wenn er unter allen Bedingungen funktioniert. Wenn ich zu Hause am Küchentisch sitze, Google Maps vor der Nase habe und mir vornehme, 100 Kilometer am Tag Fahrrad zu fahren – respektive 6 Stunden am Tag –, dann ist das erst mal gut und schön. Aber wie erlebe ich diese Strecke bzw. Zeit? Halte ich das durch? Auch wenn es tagelang Rekordunwetter gibt? Wenn ich heute darüber nachdenke, bin ich in gewisser Weise froh, dass ich einige der schlechtesten Wetterbedingungen schon ganz zu Beginn der Tour hatte. So konnte ich meine Rhythmen gleich daraufhin testen, wie belastbar sie waren. Später konnte mich dann nichts mehr erschüttern und nichts mehr aus dem Takt bringen. Das heißt, fast nichts. Habe ich diese Schokoriegel in Polen schon erwähnt?

Der Kunde schlägt den Takt

Rhythmus ist für Lean Management so wichtig wie Atemtechnik fürs Leistungsschwimmen. Oder wie die Schaltzeitpunkte im Motorsport. Beides sieht man nicht unbedingt auf den ersten Blick. Man sieht Menschen schwimmen oder Autos fahren. Aber der Rhythmus dahinter ist entscheidend für den Erfolg. Ohne Rhythmus keine Lean Production. Nur mit Rhythmen kann ich planen, nur so lassen sich Menschen, Maschinen und Hilfsmittel ausrichten. Autobauer wie Toyota oder Porsche zum Beispiel haben einen bestimmten Rhythmus ihrer Produktion. Daran orientieren sich auch alle Zulieferer, egal ob sie Rohstoffe oder fertige Komponenten liefern. Sie richten ihre Lieferungen am Rhythmus aus. Und selbstverständlich »leben« auch die Arbeiter und Angestellten in der Produktion diesen Rhythmus.

Projektplanung und Produktionsplanung sind nicht dasselbe!

Jetzt könnte man denken: Moment mal! Sollen Unternehmen nicht lean *und agil* werden? Und heißt agil sein nicht, dass man möglichst wenig plant? Das ist richtig. Aber man darf sich hier nicht verwirren lassen. Es kommt nämlich darauf an, worauf man schaut: Projektplanung oder Produktionsplanung? Projektplanung muss heute agil sein – oder sie ist kaum noch zeitgemäß. Ich habe meine Radtour wie ein agiles Projekt geplant und das in Kapitel 3 beschrieben. Produktion ist aber kein Projekt! Ein Projekt ist eine einmalige Sache mit definiertem Anfang und Ende. Produktion ist das nicht. Toyota baut seit 1936 Autos, und ein Ende ist nicht abzusehen. Das ist kein Projekt, und deshalb sind die Prinzipien der Agilität hier auch nicht anwendbar. Anders sieht es aus, wenn die Produktion optimiert werden soll. Veränderungen in der Produktion sind Projekte – und Projekte lassen sich agil steuern. Es kommt also immer darauf an, ob die Produktion läuft oder gerade verändert werden soll.

Lean Production: Der Kunde gibt den Takt/ Rhythmus vor

Laufende Produktion ist Rhythmus. Doch wer gibt den Rhythmus vor? Darauf gibt es im Lean Management eine eindeutige Antwort: Es ist immer der Kunde. Auf meiner Radtour gab mir das Ziel, das ich in einer vorgegebenen Zeit erreichen wollte, den Rhythmus vor. In der Lean Production ist es der Kunde. Man spricht deshalb auch vom »Kundentakt«. Passionierte Musiker müssen hier stark sein, denn zwischen »Rhythmus« und »Takt« wird nicht wirklich unterschieden. Nehmen wir mal ein Beispiel für einen Kundentakt: Bei einem Wohnmobilhersteller am Oberrhein kommen im Schnitt 40 Kundenbestellungen am Tag ins Haus. Das ist der Kundentakt. Diese 40 Bestellungen pro Tag sind die Grundlage für die gesamte Produktionsplanung. Das heißt, alles ist darauf ausgerichtet, so effizient und reibungslos wie möglich 40 Fahrzeuge am Tag zu bauen. Auch alle Zulieferer richten sich danach aus und können diesen Rhythmus ebenfalls in ihre Planungen einbeziehen. Natürlich werden nicht jeden Tag 40 vollkommen identische Wohnmobile gebaut. Bei diesem Hersteller gibt es 480 Varianten, und da sind solche Details wie unterschiedliche Lackierungen noch gar nicht berücksichtigt. Trotzdem ist ja nicht bei jedem Fahrzeug alles anders. Und genau an dieser Stelle beginnt die Kunst: Was wird jeden Tag 40 Mal gebraucht und was seltener? Wenn seltener, dann wie oft? Irgendwann kann man sich mit statistischen Methoden austoben, Hochrechnungen anstellen und so weiter. Es gilt, den richtigen Rhythmus zu finden.

Die Autoindustrie wird immer gerne als Beispiel für einen Kundentakt genommen, weil man sich da alles so gut vorstellen kann. Zwar gibt es seit Henry Fords schwarzem Einheitsmodell immer mehr Varianten in der Massenproduktion von Automobilen, und ein Ende der Differenzierung ist nicht in Sicht. Trotzdem bleibt das alles selbst für Laien relativ anschaulich: Da läuft ein Band, und die Motoren, Getriebe, elektrischen Fensterheber, Gurtschlösser, Kleiderhaken und so weiter müssen »just in time« am Band sein – eben alles, was die Mitarbeiter einbauen sollen. Je weiter es mit der kundenindividuellen Massenproduktion geht, desto komplizierter wird es allerdings. Rhythmen gibt es dabei immer, selbst wenn man sie erst nicht sieht.

Kein Kundentakt beim Mischer-Hersteller?

Bei einem Sonderanlagenbauer herrschte zum Beispiel die Überzeugung, es gäbe keinen Kundentakt und auch keine Rhythmen. Jede Anlage sei ein absolutes Unikat, genau auf die Anforderungen eines ganz bestimmten Kunden abgestimmt. Nach einer längeren Analysephase konnte ich demonstrieren, dass es sehr wohl einen messbaren Kundentakt und damit einen Rhythmus für die Produktion gab. Dieser Rhythmus war nur nicht auf den ersten Blick auszumachen. Sobald man aber erkannt hatte, was das technische Herzstück einer jeden Anlage war, konnte man auch sehen, dass sich der Rhythmus daraus ergab. Dieses Herzstück war ein Mischer, der aussah wie ein riesiger Stabmixer. Er diente in den unterschiedlichsten Anlagen dazu, Pulver in Flüssigkeiten zu mischen. Die eine Anlage stellte Lacke her, die andere mischte Zucker in Joghurt, eine dritte diente der Herstellung von Babynahrung und so weiter. Ganz unterschiedliche Anlagen, keine Frage. Aber alle enthielten mindestens einen, manchmal zwei oder drei der riesigen Mischer. Die Kunden bestellten diese Mischer nicht direkt, aber indirekt. Ein Kunde bei Porsche bestellt ja auch keinen Motor, sondern ein Auto. Aber mit jedem Auto bestellt er automatisch einen Motor.

Grundtypen als Basis für den Rhythmus identifizieren

Die Mischer gab es wiederum in unterschiedlichen Varianten. Je nachdem, was die jeweilige Anlage mischen sollte. Für Stabmixer in der Küche gibt es ja auch unterschiedliche Aufsätze. Aber Mixer bleibt Mixer. So war es auch hier: Es gab bei den Mischern unterschiedliche Größen, Ausführungen und Anbauteile. Aber wir konnten die Mischer in fünf Grundtypen einteilen. Und das genau ist die Kunst: Welchen Abstraktionsgrad brauche ich? Was muss ich betrachten? Die Anlagen sind alle unterschiedlich, und letztlich sieht auch jeder Mixer wieder etwas anders aus. Aber wir konnten hier dennoch fünf Grundtypen des technischen Herzstücks der Anlage erkennen. Es zeigte sich, dass die Kunden diese Typen in einem bestimmten Takt bestellten. Bingo! Jetzt hatten wir eine Grundlage für die Planung: 4-4-2-2-2 war der Grundrhythmus der fünf Mischertypen.

Auf diesen Rhythmus konnte sich jetzt die gesamte Produktion einstellen – von der Sägerei, der Zerspanung, der Schweißerei, der Schleiferei und der Lackiererei bis hin zur Baugruppenmontage. Die genaue Ausführung eines Mischertyps (Größe oder Anbauteile) musste dabei immer erst mit dem Produktionsstart festgelegt werden. Man braucht also bei Produktionsprozessen ein gewisses Abstraktionsvermögen, um Rhythmen auf die Spur zu kommen. Das ERP-System spuckt so etwas nicht einfach auf Knopfdruck aus wie beispielsweise Umsatzzahlen. Aber wenn ich einmal einen Rhythmus gefunden habe, hat das den Riesenvorteil, dass sich alle Abteilungen darauf einstellen können. Planung und Organisation waren früher in produzierenden Unternehmen ein großes Problem. Je mehr einzelne Schritte es gab, desto schwieriger wurde es, überhaupt etwas zu planen. Im Lean Management ist der Rhythmus die Lösung. Rhythm is it!

Brille: Drucker

Wenn irgendwo über Industrie 4.0 geredet wird, dann dauert es meist nicht lange, bis jemand vom 3-D-Druck schwärmt. Noch ist das ein typisches Hype-Thema – mit den entsprechend überzogenen Erwartungen. So gehen laut einer Umfrage des Weltwirtschaftsforums 84 Prozent der Topmanager davon aus, dass es bereits 2025 das erste komplett 3-D-gedruckte Auto geben wird. Egal ob das nun realistisch ist oder nicht: Die »additive Fertigung«, wie der 3-D-Druck auch genannt wird, macht in einigen Branchen bereits jetzt Furore. Und wie! Zum Beispiel bei Brillen. Was genau heißt hier überhaupt »Drucken«? Das physische Objekt, in diesem Fall ein Brillengestell, wird nach einer digitalen Vorlage durch Aufbringen einzelner Schichten eines Materials gefertigt. Das ist so, als würde man ein Brot backen, indem man es aus einzelnen Scheiben zusammensetzt. Ein Riesenvorteil dieses Verfahrens ist, dass man ausgesprochen komplizierte Geometrien herstellen kann, ohne dafür ebenso komplizierte Werkzeuge zu benötigen. Ein anderer Vorteil ist, dass sich die kundenindividuelle Massenproduktion ins Extrem treiben lässt. Ein absolut einzigartiges Brillengestell zu produzieren, ist mit 3-D-Druck weder ein Problem, noch verursacht dieses Gestell höhere Produktionskosten als jedes andere Gestell. Alles, was man braucht, ist die entsprechende digitale Bauanleitung, die an den 3-D-Drucker gesendet wird wie ein Druckauftrag an einen Laserdrucker im Büro.

Vom Kunden zum Anfang der Produktionskette denken

Einer meiner Auftraggeber hat sich ganz auf die Herstellung und den Vertrieb von kundenindividuellen Brillengestellen verlegt, die im 3-D-Druck produziert werden. Das Unternehmen, vor Kurzem noch ein Start-up mit ersten Kunden, weist mit seinem Geschäftsmodell enorme Wachstumsraten auf. In dem Jahr, in dem ich dieses Buch schreibe, sollen 45.000 Brillengestelle verkauft werden. Wie kann ein Start-up, das eine neuartige Technologie nutzt, seine Produktion in kurzer Zeit dermaßen hochskalieren? Der entscheidende Erfolgsfaktor dafür ist der Rhythmus! An diesem Beispiel lässt sich sehr schön zeigen, wie wichtig Rhythmus ist. Und dass stets der Kunde den Takt vorgibt. Denn was immer dieses Unternehmen auch tut, um seine Produktion auszudehnen, zu optimieren und damit schließlich den enormen Run auf seine Produkte zu bewältigen: Es fängt »von hinten« an. Es denkt vom Kunden zum Anfang der Produktionskette zurück.

Im Lean Management betrachtet man generell alles aus Kundensicht und vom Kunden her. Warum ist das so wichtig? Weil ich mir mit dem umgekehrten Vorgehen lauter Probleme einhandeln würde. Wenn ich eine Produktionskette mit vielen Arbeitsstationen habe und mit der Optimierung von vorne anfange, bekomme ich einen Materialstau, und die Mitarbeiter werden unzufrieden, weil es noch mehr Probleme gibt. Bei dem Hersteller von Brillengestellen wurde genauso konsequent »von hinten« gedacht: An erster Stelle stand die Frage, wie viel die Endkunden im folgenden Jahr bestellen würden. Mit Marktanalysen und Hochrechnungen kam das Management auf 45.000 verkaufte Produkte im folgenden Jahr. Bei 230 Arbeitstagen ergab das ungefähr 200 Fassungen am Tag, die produziert werden mussten. Das ist der Kundentakt im Sinne einer groben Kapazitätsplanung. Die Feinplanung, bis hin zur Tagesplanung, richtet sich dann nach den tatsächlichen Kundenbestellungen.

Von hinten nach vorne

Es ist also so etwas wie ein ehernes Gesetz: Immer wenn ich einen Produktionsprozess optimieren oder verändern will, fange ich hinten beim letzten Schritt an und arbeite mich dann sukzessive zum ersten Schritt zurück. So war es auch bei dem Hersteller von Brillengestellen. Das Unternehmen begann mit dem allerletzten Arbeitsschritt: Verpackung und Versand. Die Kunden dieses Herstellers sind nun nicht die Brillenträger, sondern die Optiker. Also sind sie die Empfänger der Pakete. Die Optiker setzen noch die Gläser mit optischer Wirkung in die Gestelle ein. Das Unternehmen liefert alle Gestelle nur mit »Fensterglas« aus Kunststoff für den Verkaufsraum. Es müssen für die Optiker nach der groben Planung also 200 Brillengestelle am Tag verpackt werden. Wie viele Mitarbeiter sind dazu nötig? Wie lange darf das dauern? Und: Wie viel Lagerplatz braucht es, wenn der Paketdienst einmal am Tag kommt, um alle Pakete abzuholen? Das sind die entscheidenden Fragen.

Wie immer im Lean Management ist Ausprobieren gefragt. Man macht also zum Beispiel Probeverpackungen und rechnet die Zeit hoch, die das Verpacken dauert. Dann lässt sich ausrechnen, wie viele Arbeitsplätze nötig sind. Hier achtet man im Lean Management immer auf Skalierbarkeit. Das Unternehmen hat jetzt zum Beispiel einen Versandplatz geschaffen, an dem die Mitarbeiter 200 Gestelle am Tag versandfertig machen können. Bei weiterem Wachstum lässt sich dieser Versandplatz spiegeln. Die Verpackungskapazität würde dann auf 400 Gestelle am Tag steigen.

Experimentieren: Handschuhe an oder aus

Erst nachdem sämtliche Fragen rund um den letzten Prozessschritt beantwortet waren, widmete sich das Unternehmen dem vorletzten Schritt und ging damit weiter rückwärts. Dieser vorletzte Schritt besteht im Eindrücken der »Fenstergläser« und dem Montieren der Scharniere und des Mittelstücks. Und wieder hieß es Ausprobieren! Da zeigte sich dann zum Beispiel, dass der Mitarbeiter, der die Gläser eindrückt, Handschuhe braucht. Andernfalls würden Fingerabdrücke auf den Gläsern erscheinen, die dann in einem weiteren Arbeitsschritt wieder wegpoliert werden müssten. Und ein weiterer Arbeitsschritt ist natürlich etwas, das man überhaupt nicht will. Trägt ein Mitarbeiter aber Handschuhe, kann er damit nicht die Scharniere montieren, denn die sind zu filigran. Soll er die Handschuhe immer wieder an- und ausziehen? Nein, das dauert zu lange. So kam das Unternehmen durch Ausprobieren schließlich zu der Entscheidung, die Arbeitsplätze für das Einsetzen der Gläser und das Montieren der Scharniere zu trennen. Das war die beste Lösung. Und jetzt greift – natürlich – wieder der Kundentakt: Wie müssen diese beiden Arbeitsplätze aussehen, damit 200 Brillengestelle am Tag hier durchlaufen können? Immer gibt der Kunde den Takt vor. Und immer wieder ergeben sich dadurch neue Rhythmen.

Spannend wurde es dann noch einmal an der Stelle, an der das eigentliche »Drucken« der Brillengestelle im 3-D-Druck ins Spiel kam. Das geschieht nämlich nicht im Unternehmen selbst, sondern bei einer Partnerfirma, die auf additive Fertigung spezialisiert ist. Hier bekommen die Brillengestelle Form und Farbe. Anschließend werden sie noch poliert. Auch das macht die Partnerfirma. Wenn ich mich von hinten so weit zurückgearbeitet habe, dass der erste Partner hinzukommt, muss auch er in den Rhythmus eingebunden werden. Kann der Partner zuverlässig jeden Tag 200 Brillengestelle »drucken«, einfärben, polieren und liefern?

Hier gilt genau das, was ich auch bei meiner Radtour zu Genüge kennengelernt habe: Ein Rhythmus muss unter allen Umständen funktionieren! Ich fuhr bei wirklich jedem Wetter mindestens 5,5 bis 6 Stunden. Und diese Partnerfirma muss nun unter wirklich allen Umständen die pro Tag benötigten Fassungen produzieren und liefern. Es dürfen keine »Wellen« entstehen, auch nicht bei der Auslieferung. Der Partner muss immer bedarfsgerecht liefern, damit der »One-Piece-Flow« auch funktioniert. Es reicht also nicht, theoretisch 200 individuelle Gestelle pro Tag produzieren und liefern zu können. Das Partnerunternehmen braucht denselben Rhythmus wie der Brillenhersteller. Klar, dass es einige Zeit dauert und vieles bedacht werden muss, um sich da aufeinander einzuschwingen.

Viele Unternehmen kämpfen damit, ihren Rhythmus zu finden

Dieser Rhythmus, diese absolut zuverlässige Gleichmäßigkeit, ist genau das, womit etliche produzierende Unternehmen kämpfen. Viele bekommen das nicht richtig hin. Durch diese Unternehmen laufen immer wieder Wellen. Aber anders als »La Ola« im Fußballstadion sind diese Wellen alles andere als spaßig. Wellen bedeuten Überlast. Und Überlast ist genau das, was jeden Rhythmus kaputtmacht. Darauf werde ich im nächsten Kapitel noch näher eingehen. Manche Unternehmen sind daran gescheitert, Rhythmen zu finden, oder haben es gar nicht ernsthaft versucht. Sie kämpfen lieber mit der Überlast und lassen sich dafür immer wieder Behelfslösungen einfallen. Einige behaupten auch, bei ihnen lasse sich einfach kein Rhythmus finden. Ihre Produktion sei zu speziell. Das stimmt aber nicht. Lean Management kann immer Rhythmen finden. Es ist nur zugegebenermaßen oft nicht ganz leicht.

Rhythmus verändern, um Probleme zu vertuschen?

Der Umgang mit Störungen und Problemen ist eine weitere Falle, in die viele Firmen tappen. Löse ich tatsächlich das Problem? Oder ändere ich den Rhythmus, damit das Problem nicht mehr so sehr auffällt? Klar würde wahrscheinlich jeder antworten, das Problem lösen zu wollen, wenn ich die Frage so stelle. Aber in der Praxis läuft es oft umgekehrt. Einfach deshalb, weil es leichter erscheint, am Rhythmus zu schrauben, als eine nachhaltige Problemlösung zu finden. Ohne gewachsene Problemlösungskompetenz aller Beteiligten ist Lean Management aber nicht zu haben. Das zeigt sich immer wieder. Was macht der Hersteller der Brillengestelle zum Beispiel, wenn bei dem Partnerunternehmen der 3-D-Drucker wochenlang ausfällt? Gar nichts, denn dieser Fall darf überhaupt nicht erst eintreten! Die beiden Unternehmen müssen alles dafür tun, dass jedes Problem so schnell wie möglich behoben werden kann. Und der 3-D-Drucker darf natürlich auch nicht einfach fünf Prozent Ausschuss fabrizieren und diesen dann an den Brillengestellhersteller weiterreichen. Es gibt also sehr viel auszuprobieren und zu optimieren, bis ein Rhythmus mal wirklich besteht. Aber es lohnt sich, den richtigen Rhythmus zu finden! Denn Rhythmus bedeutet massiv erhöhte Leistungsfähigkeit. Genau wie beim Fahrradfahren.

Immer schneller, immer individueller

Rhythmen ständig anpassen

Hurra, wir haben einen Rhythmus! Unsere gesamte Produktion läuft wie ein Schweizer Uhrwerk. So müsste es bleiben! Tja, das wäre schön. Aber damit es so bleiben kann, muss es sich dauernd ändern und weiterentwickeln. Denn anders als bei einem Uhrwerk wird der Takt in der Lean Production von außen vorgegeben, also vom Kunden. Kundenwünsche und mit ihnen die Märkte ändern sich ständig. Deshalb muss ich auch die Rhythmen in der Produktion immer wieder infrage stellen und bei Bedarf anpassen. Durch einen Auftragsspeicher ist es allerdings möglich, den Kundentakt und den Produktionsrhythmus etwas zu entkoppeln. Auf meiner Radtour habe ich dafür eine Entsprechung erlebt. Als ich in Polen angekommen war, hätte ich meinen Einkaufsrhythmus anpassen müssen. Ich war aus der Einsamkeit mit einer kargen Grundversorgung an Lebensmitteln zurück in der Überflussgesellschaft. Statt aber meinen Rhythmus umzustellen, behielt ich den gewohnten einfach bei.

Die Folge war, dass ich vor jedem Dorfkiosk stand wie ein kleines Kind vor der Quengelware an der Supermarktkasse. Ich wollte immer sofort etwas Süßes haben! Das führte ziemlich bald dazu, dass ein und derselbe Rhythmus, der bisher meine Leistungsfähigkeit erhöht hatte, diese Leistungsfähigkeit nun unterminierte. Bei jeder sich bietenden Gelegenheit etwas zu essen einzukaufen und es auch gleich zu verzehren, ist in einer Mangelsituation vielleicht richtig. Im Überfluss ist es definitiv falsch. Der richtige Rhythmus wird nun einmal von außen bestimmt, von den gerade herrschenden Bedingungen. Und nicht davon, wozu ich Lust habe.

Lean Management hat schon immer von außen, den Bedingungen, den Märkten, den Kundentakten her gedacht. Das macht Lean Management noch einmal so viel attraktiver in einer Zeit, in der sich Kundenwünsche und Märkte immer rascher ändern. Kunden wollen heute immer individuellere Produkte. Und sie tolerieren immer weniger

Wartezeiten. Unternehmen, die lean aufgestellt sind, können damit umgehen. Für sie ist der Trend zu noch mehr Individualisierung und zur kundenindividuellen Massenproduktion kein Problem. Bei einem 2007 gegründeten Hersteller von Bio-Müsli zum Beispiel können Kunden online Müslimischungen nach eigenem Geschmack auswählen, die dann nach dem Bestelleingang eigens produziert werden. Rein rechnerisch sind 566 Billiarden unterschiedliche Müslikombinationen bestellbar. Zehn Jahre nach der Gründung saßen etwa 30 Mitarbeiter in Berlin, die hauptsächlich für Marketing und Internationalisierung zuständig waren. 200 Mitarbeiter arbeiteten am Gründungsstandort in Niederbayern in der Produktion. Die für die Firma typischen bunten Dosen laufen hier durch eine Abfüllstraße. Die Metallkästen mit den Zutaten müssen jedoch von Hand befüllt werden. Ständig werden neue Säcke mit Hafer-, Gersten- oder Dinkelflocken, Amaranth, Chiasamen und so weiter angeliefert.

Enorm wertvoll: Wissen über Kundenwünsche

Wenn so ein Unternehmen in der Start-up-Phase ist, kann es gut sein, dass Kundenwünsche den Mitarbeitern Rätsel aufgeben. Es ist noch nicht ersichtlich, warum wer wann welche Müslimischung bestellt. Das Unternehmen muss einfach auf alles gefasst sein. Je mehr individuelle Mischungen das Unternehmen aber schon produziert hat und je mehr Kundendaten es aus vielen Onlinebestellungen gesammelt hat, desto besser kann es Muster im Kundenverhalten erkennen. Da das Unternehmen auch eigene Läden betreibt, ist das Wissen über Kundentakte doppelt wertvoll: Die Bestelldaten aus dem Onlineshop geben vor, welche besonders populären der 566 Billiarden möglichen Mischungen in den Läden angeboten werden. Die Mitarbeiter in Berlin versuchen darüber hinaus, Trends auf die Spur zu kommen.

Kundenverhalten prognostizieren, in Produktionsrhythmen übersetzen

Letztlich bleibt es das Wichtigste, möglichst schnell auf unterschiedliche Kundenwünsche reagieren zu können. Die Prognose von Kundenverhalten – und damit von Kundentakten für die Produktion oder auch für die Belieferung des Handels – ist trotzdem ein Geschäft mit großem Wachstumspotenzial. Je raffinierter die Möglichkeiten der

Analyse großer Datenmengen werden und je weiter die Entwicklung der künstlichen Intelligenz fortschreitet, desto schneller und besser ist es möglich, Kundentakte zu erkennen und in Rhythmen der Produktion zu übersetzen. Gleichzeitig nehmen die Möglichkeiten der digitalen Kommunikation zwischen Anbietern und Kunden enorm zu. So kann ich bei verschiedenen Händlern bereits Produkte kurz vor meinem Einkauf in einer App vorbestellen. In der Filiale ist dann bei meinem Eintreffen alles bereits vorbereitet und eingepackt, und ich muss nur noch die Einkaufstüte in Empfang nehmen. So werden die Vorteile des Versandhandels mit denen des stationären Handels kombiniert. Auch bei Schnellrestaurants bietet es sich ja an, dass der Kunde seine Bestellung schon auf dem Weg zum Restaurant per Smartphone aufgibt. Dort kann sein Menü dann im »One-Piece-Flow« bereits individuell vorbereitet werden. Eine Vorstufe dazu sind die »Easy Order«-Terminals bei McDonald's, die sich allerdings noch in der Filiale selbst befinden. Im Moment dürften noch die wenigsten Möglichkeiten dieser Weiterentwicklung digitaler Kommunikation absehbar sein. Nur eines scheint sicher: Alles wird immer schneller und immer individueller.

KAPITEL 9

Am Limit: Überlast vermeiden

Da war plötzlich dieser Film in meinem Kopf: Ich fahre mit dem Rad über die Baumgrenze. Landschaft, Weite, Freiheit. Endlich! Ich suche mir einen Platz mit Aussicht. Baue dort mein Zelt auf. Setze mich vor dem Schlafengehen noch ein Weilchen vor das Zelt. Genieße die unberührte Natur, die Mitternachtssonne. Einfach nur schön.

Nichts wünschte ich mir zu dem Zeitpunkt sehnlicher, als das zu erleben, was wie ein Film vor meinem inneren Auge ablief. Neun Tage am Stück war ich da durch die endlosen Fichtenwälder in Nordschweden gefahren. Eine Woche und zwei Tage nichts als Bäume, Bäume, Bäume. Nicht ein einziger Aussichtspunkt. Keine noch so belanglose Sehenswürdigkeit. Nicht mal ein Steinhaufen aus dem Mittelalter.

Dann der Blick auf die Karte. Mensch, dieser Film in meinem Kopf könnte heute noch Realität werden! Es ist doch ganz einfach. Ich muss jetzt nur links nach Norwegen abbiegen, Richtung Lofoten. Da wird es bald hügelig. Dann komme ich ganz sicher über die Baumgrenze. Und dann finde ich einen schönen Platz, an dem ich mein Zelt aufbauen kann. Einen Platz mit Aussicht. Der Film in meinem Kopf setzt wieder ein.

Voller Energie fahre ich los. Die Wetterbedingungen sind katastrophal. Gegenwind wie verrückt, später könnte es auch noch regnen. Ich komme kaum vom Fleck. Sollte ich jetzt nicht umplanen? Unter diesen Bedingungen ist es kaum zu schaffen, heute noch über die Baumgrenze zu kommen, ohne meinen Rhythmus zu verlassen. Ein Risiko. Was, wenn ich mich bei diesem Wetter mit der Strecke überfordere?

Ach, Quatsch, denke ich. Ich bin jetzt schon 3.000 Kilometer gefahren und super trainiert. Ich bin topfit, so fit wie noch nie in meinem Leben. Ich ziehe das jetzt durch. In diesem Augenblick spüre ich Entschlossenheit im ganzen Körper. Pure Willenskraft. Jetzt lasse ich meinen Rhythmus mal Rhythmus sein. Einmal ist kein Mal. Weiter geht's!

Abenteurer auf Abwegen

Rhythmus und Überlast sind nicht zu trennen

Rhythmus aufbauen und Überlast vermeiden hängen eng zusammen. Man kann beides eigentlich gar nicht trennen. Wie wichtig Rhythmen sind, habe ich im vorherigen Kapitel gezeigt. Rhythmus ermöglicht sowohl einzelnen Menschen als auch Organisationen, ihr volles Leistungspotenzial abzurufen. Ohne Rhythmen ist es kaum möglich, die Zusammenarbeit zwischen Menschen zu organisieren oder das Zusammenspiel in einem komplizierten Prozess zu planen. Einen gesunden Rhythmus muss ich aufbauen und dann konsequent durchhalten. Der Rhythmus muss unter allen Umständen funktionieren.

Leerlauf kostet, Überlast ist gefährlich

Die beiden möglichen Arten, einen Rhythmus zu verlassen, sind Leerlauf oder Überlast. Ärgerlich ist beides. Leerlauf in der Produktion kostet Geld, ohne dass Wertschöpfung stattfindet. Überlast kann zwar im Augenblick wertschöpfend sein, stresst aber Mensch und Maschine. Deshalb ist Überlast nicht nur ärgerlich, sondern richtig gefährlich. Leerlauf sollte ich vermeiden. Aber Überlast darf es unter keinen Umständen geben! Das fängt beim einzelnen Menschen an. Wenn ich mich langweile, ist das unangenehm. Aber wenn ich mich überanstrengt habe, dann fühle ich mich richtig schlecht. Und nicht nur das. Ich muss für die Überanstrengung auch büßen, denn ich bin danach weit weniger leistungsfähig als gewohnt. Das bisschen, was ich durch Überanstrengung gewinne, verliere ich durch die nötige Regeneration wieder.

Wenn ich die Nacht durcharbeite, weil ich zum Beispiel eine Präsentation unbedingt fertig bekommen will, bin ich am nächsten Tag nicht so fit, konzentriert und leistungsfähig wie gewohnt. Es gibt Menschen, die behaupten, das gelte für sie nicht. Aber die lügen sich nur selbst was vor. Irgendwann bekommt jeder die Quittung, dann muss er seine Überanstrengung ausgleichen. Wenn nicht am nächsten Tag, dann eben am übernächsten. Obwohl ich das auf meiner Tour wusste, verließ ich meinen Rhythmus. Mir war langweilig, und das war nicht schön. Nach neun Tagen Fahrt durch diese öden Wälder wollte ich endlich Abwechslung. Ich hätte noch etwas Geduld haben und meinen Rhythmus halten müssen, dann wäre die Abwechslung schon gekommen. Aber ich wollte trotz der Wetterbedingungen einen schönen Zeltplatz oberhalb der Baumgrenze haben. Und zwar noch am selben Tag.

Und so blies mir der Gegenwind ins Gesicht, mit 60 Kilometern die Stunde. Was sollte das? Das konnte doch gar nicht wahr sein! Ich hatte das Gefühl, kaum vom Fleck zu kommen. Der Tachometer gab mir recht: 6 Kilometer pro Stunde. Das schaffte ein Fußgänger auch – wenn er sich ein bisschen beeilte. Mehrmals fluchte ich laut. Der Wind war so stark, dass ich meine eigenen Schimpfwörter nicht verstand. 6 km/h in der Ebene, unter Volllast. Mann! Eine Stunde verging. Zwei Stunden, drei Stunden. Immer am Limit. Volle Kraft in die Pedale und doch nur im Kriechgang. Dann ging es irgendwann wenigstens bergauf. Ja, es ging bergauf, dem Ziel näher. Heute noch wollte ich über alle diese verdammten Bäume hinwegschauen, einfach hinwegschauen, als gäbe es sie nicht mehr. Wenn bloß dieser Wind nicht wäre! Aber ich wollte weiter, weiter. Nach oben, Höhe gewinnen. Und ich wollte über die Grenze, dieses öde Schweden endlich verlassen. Berge sehen. Landschaft.

Mittlerweile hatte es angefangen zu regnen. Die Temperatur fiel auf 6 Grad. Ich hatte das Gefühl, jetzt endgültig die Zivilisation zu verlassen. Seit Stunden war kein einziges Haus mehr in Sicht gewesen. Die Landschaft wurde immer rauer. Die dunklen Wolken, der Regen, der die Äste peitschende Wind ließen alles nur noch wilder aussehen. Würde ich da oben überhaupt schlafen können? Da oben über der Baumgrenze, wo es die schöne Aussicht gab? Für alle Fälle hatte ich mir in Google Maps schon einmal sämtliche Campingplätze bis zur norwegischen Küste angesehen. Wenn es nichts werden würde mit dem Zelten an einem Aussichtspunkt, dann konnte ich immer noch einen Campingplatz ansteuern. Doch im Moment versuchte ich einfach nur, vorwärts zu kommen. Dem Wind zu trotzen, den Regen zu vergessen und die Schmerzen in meinen Beinen auch. Als ich sicher war, dass ich keinen Zentimeter mehr vorwärts kam, obwohl ich in die Pedale trat wie ein Verrückter, schaute ich nur noch nach unten auf die Straßenmarkierung – eine weiße, gestrichelte Linie. Und tatsächlich: Mal war neben mir eine Linie, mal ein Zwischenraum. Ich bewegte mich also doch!

Über der Grenze

Endlich – ich war über der Baumgrenze. Ich hatte es geschafft. Die Endorphine meldeten sich kurz zurück. Dann merkte ich, dass der Wind hier oben genauso stark blies wie unten in der Ebene, sich aber noch stärker anfühlte. Keine Ahnung, warum. Längst war ich durchgefroren bis auf die Knochen. Von meiner sagenhaften Fitness, die mir Mut gemacht hatte für diese Wahnsinnsetappe, merkte ich nicht mehr viel. Statt Willenskraft und Energie spürte ich nur noch Schwäche. Mir war saukalt. Düstere Gedanken begannen in meinem Kopf zu kreisen: Jetzt bloß nicht krank werden! Nicht jetzt, so kurz vorm Ziel! Stunde um Stunde hatte sich das Wetter verschlechtert. Immer noch war kein einziges Haus in Sicht. Inzwischen hatte ich nichts mehr zu trinken. Früher oder später würde ich irgendwo an einem Bach mit meinem Wasserfilter trinkbares Wasser filtern müssen. Und wenn weiter kein Haus auftauchte, hätte ich als Essen noch meine Notration. Diese bestand aus einer Dose Thunfisch und etwas Couscous. Aber erst mal wollte ich weiter. Nur noch ein Hügel, dachte ich, dann geht es runter nach Norwegen.

Inzwischen war längst klar, dass ich den nächsten Campingplatz ansteuern würde. Bei dem Wind hier oben wäre mir mein Zelt glatt weggeflogen. Sofern ich in dieser Wildnis überhaupt einen passenden Platz gefunden hätte. Mein schöner Film wurde aus dem Programm genommen. Hoffentlich würde er nicht durch einen Horrorstreifen ersetzt werden. Wenigstens gab es keine tolle Aussicht zu verpassen, denn es war wolkenverhangen, und die Sicht betrug nur ein paar Hundert Meter. Alles, was ich jetzt wollte, war heiß duschen. Noch 40 Kilometer bis zum Campingplatz. Ich malte mir aus, wie ich dort unter der Dusche stehen, wie das heiße Wasser an mir herunterrinnen würde. Das gab mir wieder etwas Kraft. Zwar hatte ich mein Ziel nicht erreicht, auf dem Hochplateau zu zelten. Aber das war jetzt auch egal. Ich war in Norwegen. Die Landschaft verdiente endlich wieder diesen Namen, und bald würde ich an der Küste sein, die Lofoten sehen, von denen alle so schwärmten. Nach sieben Stunden strampeln am Limit – bei bescheidenen 90 Kilometern Fahrstrecke – erreichte ich den Campingplatz. Er war geschlossen. Keine Menschenseele zu sehen.

Ich schaute auf die Karte. Halb so schlimm, dachte ich. Der nächste Campingplatz kommt schon nach vier Kilometern. Außerdem kann es jetzt nur noch bergab gehen. Also alles kein Problem. Wenn mir nur nicht so kalt wäre. Und wenn ich weniger Durst hätte. Ich suchte den ganzen Campingplatz ab, ob ich irgendwo Wasser zapfen könnte. Aber es war nichts zu machen. Die Wasserhähne waren alle abgeschraubt. Okay, die paar Minuten bis zum nächsten Campingplatz werde ich das ja noch aushalten, dachte ich, und schwang mich wieder auf den Sattel. 7,5 Stunden war ich jetzt am Limit unterwegs. 5,5 bis 6 Stunden war mein Rhythmus. Was machte ich hier eigentlich für einen Blödsinn? Warum war ich nicht bei meinem Rhythmus geblieben? Es ging jetzt tatsächlich nur noch bergab. Auch der Wind ließ etwas nach. Freilauf, rollen lassen, innerlich gelassen bleiben! Die vier Kilometer hatte ich schnell geschafft. Ich erreichte den nächsten Campingplatz. Aber auch der war geschlossen. Kein Mensch da. Sofort der Blick aufs Navi: zehn Kilometer bis zum nächsten Campingplatz.

Bis zur körperlichen und mentalen Erschöpfung

Was tun? Ich musste dringend was trinken. Wasserhähne gab es auch hier nicht. Aber der nächste Campingplatz müsste doch nun endlich geöffnet haben. Es war schließlich Hochsommer. Hauptsaison! Oder sollte ich hier auf dem leeren Campingplatz mein Zelt aufbauen? Irgendwo würde ich bestimmt Wasser finden, das ich filtern konnte. Und zu essen hatte ich ja noch die Notration. Da musste ich wieder an die heiße Dusche denken. Die Dusche war auf dem nächsten Campingplatz, nicht hier. Ach, was soll's, dachte ich. Diese zehn Kilometer lasse ich mich jetzt einfach noch entspannt runterrollen. Und dann habe ich's geschafft. Ich stieg wieder aufs Rad, fuhr zurück auf die Straße und ließ mich rollen, ohne zu treten. Einen Kilometer lang. Dann ging es plötzlich wieder bergauf. Und da war Schluss. Ich meine: wirklich Schluss. Ich konnte nicht mehr. Ich war körperlich und mental fertig. Ich stieg vom Rad und wusste: Hier werde ich jetzt über Nacht bleiben. Egal, wie es hier aussieht. Egal, wo ich schlafe. Ich war komplett nass und so durchgefroren wie noch nie in meinem Leben. Meine Füße fühlten sich an wie Eisklumpen. Und ich hatte höllischen Durst.

Ich holte meinen Wasserfilter aus dem Gepäck. Bisher hatte ich ihn kein einziges Mal gebraucht. Ich hatte ihn auf einem Campingplatz einmal ausprobiert und dann sofort wieder eingepackt. Nicht mal die Gebrauchsanweisung hatte ich gelesen. Das Ding kam mir vollkommen selbsterklärend vor. Schließlich bin ich Ingenieur! Und Ingenieure brauchen keine Bedienungsanleitungen. Was ich jetzt allerdings brauchte, war Wasser. Ich lief ein paar Meter von der Straße weg in den Wald und merkte, dass ich in einem Sumpfgebiet gelandet war. Überall stand sumpfige braune Brühe und verströmte einen fauligen Geruch. Ein Bach war weit und breit nicht zu sehen. Egal, dachte ich. Ein Wasserfilter heißt ja schließlich so, weil man damit dreckiges Wasser filtern kann. Ich hockte mich neben eines dieser Sumpflöcher und machte mich an die Arbeit. In Zeitlupe tröpfelte das Wasser durch den Filter. Nach zwei Minuten hatte ich höchstens 50 Milliliter. Ich verstand das nicht. Aber ich war viel zu durchgefroren, um zu überlegen, woran es liegen könnte. Das Hocken an dem Sumpfloch war eine Qual. Nach endlosen 20 Minuten hatte ich einen halben Liter trinkbares Wasser. Zeitweise war es mir vorgekommen, als sei das Wasser nicht in den Behälter, sondern langsam auf meinen Kopf getröpfelt, so wie bei dieser Foltermethode im alten China. Ein heißer Tee entschädigte mich schließlich für das Warten. Ich aß den Thunfisch und den

Couscous. Wo und wie ich mein Zelt aufbaute und wann ich schlafen ging, weiß ich nicht mehr. Aber ich muss es irgendwie geschafft haben.

Instant Karma

Die Folgen von Überlast bekommt man immer zu spüren – nur nicht immer sofort. Auf meiner Radtour rächte sich jeder Fehler sofort. »Instant Karma« sind diese YouTube-Videos oft überschrieben, auf denen man sieht, wie jemand irgendwas Dummes macht und sich das sofort rächt. Genau so kam mir das auf meiner Tour vor. Da war mir mein Rhythmus einmal egal gewesen, da hatte ich mich einmal überfordert, und schon ging alles schief, was nur schiefgehen konnte. Eine Pechsträhne, wie sie im Buche steht. Was mich dabei besonders erschreckte: wie schnell die Abwärtsspirale sich drehen kann! An dem einen Tag fuhr ich morgens topfit los und war abends so fertig, dass ich nicht mehr klar denken konnte. Ich fühlte mich wie ein Zombie, so ausgepowert und durchgefroren war ich.

Die Dynamik der Abwärtsspirale

Nach der Nacht im Zelt dauerte es am nächsten Morgen wieder 20 Minuten, bis ich ganze 0,5 Liter Wasser gefiltert hatte. Es wäre ja naheliegend gewesen, mal in die Gebrauchsanleitung des Wasserfilters zu schauen. Da hätte ich lesen können, dass man den Keramikeinsatz nach jedem Gebrauch herausnehmen und mit einem speziellen Schwamm, der der Packung beiliegt, reinigen muss. Da ich den Filter schon einmal getestet, aber nicht gereinigt hatte, war er nicht mehr einsatzbereit. Ich war so durch den Wind, dass ich das Problem nicht erkennen und lösen konnte. Erst als ich mich wieder erholt hatte, wollte ich es wissen. Ich holte die Gebrauchsanleitung raus, las sie und musste laut lachen.

Überlast in Unternehmen: ernste Folgen mit Zeitverzug

»Instant Karma« gibt es in Unternehmen fast nie. Es dauert meistens etwas, bis Blödsinn sich rächt. Egal ob es die Manipulation von Abgaswerten bei Dieselfahrzeugen ist oder die Überforderung von Menschen und Maschinen. Und dennoch: Wenn Mitarbeiter überfordert sind, zeigen sie über kurz oder lang ähnliche Symptome wie ich nach meiner totalen Überlastung auf der Tour. Sie schalten in eine Art Überlebensmodus. Sie machen Fehler, die sie niemals machen dürften. Und sie wollen irgendwann nur noch in Ruhe gelassen werden. Endlich mal abschalten. Als ich irgendwo in Norwegen in einem Sumpfgebiet aufwachte, wollte ich nur noch an die Küste, um mich dort zu erholen. Schnell kam mir der Gedanke, auf die Lofoten überzusetzen. Eine schöne Landschaft zu sehen, würde mir bestimmt guttun. Doch bis zur Fähre musste ich erst einmal kommen! Obwohl ich schon dicht an der Küste war, kam es mir vor, als sei das Meer noch ewig weit weg. In Zeitlupe packte ich meine Sachen und kletterte müde aufs Rad. Erst mal musste ich den Berg bewältigen, vor dem ich am Abend zuvor kapituliert hatte. Danach ging es zum Glück bergab bis hinunter zur Küste. Dann endlich eine Tankstelle. Ich hielt an, kaufte mir etwas zu essen und zu trinken und machte Rast.

Am Limit: Die einfachsten Aufgaben werden zum Riesenproblem

Als ich weiterfuhr, fühlte ich mich ein wenig gestärkt. Aber weniger, als ich gehofft hatte. Das taube Gefühl, über ein Limit gegangen zu sein, hielt an. Da plötzlich fuhr das Fahrrad unrund. Was war denn das ... nein, das konnte doch jetzt nicht sein! Doch, es war so: Ich hatte einen Platten. Zum ersten Mal. Ausgerechnet jetzt! Warum konnte ich es nicht wenigstens noch bis zur Fähre schaffen? Den Tränen nahe fuhr ich an den Straßenrand. Ich stand neben dem Rad, mein Körper fühlte sich an wie Blei und mein Kopf, als sei ich unter Wasser. Dann fragte ich mich: Wie flickt man einen Fahrradreifen? Ich wusste es nicht mehr. Ich bin gelernter Automechaniker, hatte den Fahrradrahmen mit einem Freund selbst gebaut und auch die Laufräder selbst eingespeicht, aber ich wusste nicht mehr, wie man einen Reifen flickt! Eine Viertelstunde dauerte der Kampf. Dann nahm ich das Flickzeug, erinnerte mich doch irgendwie, wie man vorgeht, und machte mich an die Arbeit. Ich brauchte ewig. Am Limit werden einfachste Aufgaben zum Riesenproblem. Es war erschreckend.

Fast genauso gravierend war, dass vorübergehend mein ganzer Optimismus verschwand. Der restliche Weg bis zum Nordkap kam mir jetzt vor wie die Strecke bis zum Mond. Ich wusste nicht, wie ich das noch schaffen sollte. Ganz zu schweigen von der Rückfahrt über das Baltikum und Polen. Ich sah mich schon auf irgendeinem Schiff zurück bis nach Kiel fahren. Ach was, Kiel! Am besten Rotterdam und dann mit dem nächsten Schiff den ganzen Rhein rauf bis nach Hause. Ich verbrachte schließlich zwei Tage auf den Lofoten, wo sich meine Stimmung besserte. Auch weil ich dort Leute traf, die witzig drauf waren und mit denen ich viel lachen konnte. Ich zog schließlich Bilanz. Die sah verheerend aus. Was hatte ich dadurch gewonnen, an einem Tag bis nach Norwegen durchzufahren? Gar nichts. Ich hatte das schlechteste Wetter der ganzen Tour. In 7,5 Stunden hatte ich nicht mehr Kilometer gemacht als in meinen gewohnten 5,5 bis 6 Stunden. Dafür war ich körperlich und mental ausgezehrt und brauchte zwei Tage Lofoten, um zu regenerieren. Wenigstens war es schön da. Die Leute, die von den Lofoten schwärmen, haben recht. Das Wetter war großartig, die Landschaft grandios, die Pastellfarben, in die die Mitternachtssonne Himmel und Berge hüllte, unglaublich – ich konnte überhaupt nicht genug kriegen von den weiten Blicken übers Meer und die steilen Felsen der Inseln.

Ursachen von Überlast

Während meiner Karriere habe ich immer wieder Menschen getroffen, die nicht nur an einem Tag, sondern ständig das Maximum aus sich herausholen. So etwas wie ein gesunder Rhythmus existiert für diese Menschen nicht. Auch ihre eigenen Grenzen wollen sie nicht wahrhaben. Da ist etwas in ihnen, dass ich nie so ganz verstanden habe. Manchmal wirken sie wie besessen. Allerdings sind sie häufig auch sehr charismatisch und verstehen es, Menschen mitzureißen, insbesondere die Mitarbeiter im eigenen Unternehmen. Das ist oft problematisch. Die Mitarbeiter werden angestiftet, auch ihre Grenzen zu überschreiten, selbst wenn sie das eigentlich gar nicht wollen. Sobald sie ihren gesunden Rhythmus leben, haben sie ein schlechtes Gewissen gegenüber dem charismatischen Anführer. Sie haben Angst, den Chef zu enttäuschen, oder fürchten seine Kritik. Der charismatische Anführer kann in seiner Kritik tatsächlich oft vernichtend sein. Insbesondere, wenn nicht genau das geschieht, was er sich vorgestellt hat.

So war es auch bei einem Unternehmer, mit dem ich eine Zeit lang geschäftlich viel zu tun hatte. Er tanzte auf allen Hochzeiten. Mehrere Firmen in Deutschland waren ihm nicht genug. Er kaufte weitere in Osteuropa und in der Türkei. Seine über 500 Mitarbeiter waren auf die unterschiedlichsten Standorte verteilt. Für alle seine Firmen hatte er ständig Ideen. Wobei er sich nicht allein als Ideengeber sah, sondern sich auch überall in das Tagesgeschäft einmischte. Die Führungskräfte in den einzelnen Firmen hatten permanent Druck. Was sie auch taten und wie groß ihre Erfolge auch waren – für den Eigentümer war es nie genug. Eines Tages rief er mich an. Er wollte mit mir einen Termin für eine Besprechung vereinbaren: Nächster Morgen, 10.00 Uhr, in seiner Firma in Köln, so lautete die Ansage.

Ich atmete kurz durch. Okay, sagte ich, wenn ich mich um 5.00 Uhr ins Auto setze, kann ich um 10.00 Uhr in Köln sein. Damit war es abgemacht, und er legte auf. Er hatte ganz normal geklungen, etwas überdreht vielleicht, aber so war er eigentlich immer. Ich begann, den nächsten Tag umzuplanen. Zwei Stunden später erhielt ich einen Anruf von der Frau des Unternehmers. Sie hatte sein Handy gecheckt und rief nun jeden zurück, den ihr Mann vor Kurzem angerufen hatte. Sie wollte wissen, was wir besprochen hatten. Ich erzählte ihr von dem Termin am nächsten Morgen um 10.00 Uhr in Köln. Da erfuhr ich, dass ihr Mann seit zwei Wochen im Krankenhaus lag. Mit Burn-out und einer schweren Lungenentzündung. Trotzdem telefonierte er die ganze Zeit und machte Termine. Er hatte den Kontakt zur Realität vollkommen verloren.

Überforderung der Mitarbeiter als Kostenfaktor

Ich erzähle dieses Erlebnis besonders dann gerne, wenn in einem Unternehmen Druck und Überforderung verharmlost werden. Manche Führungskräfte gefallen sich immer noch darin, dass sie bei sich und anderen ständig Grenzen überschreiten. Aber das hat nichts mit Leistung zu tun, schon gar nicht mit Spitzenleistung. Ich kann es nicht oft genug betonen: Spitzenleistung beruht auf dem richtigen Rhythmus. Wenn ich in ein Unternehmen komme, merke, welcher Druck dort herrscht, und dann sehe, dass der Krankenstand bei 5,5 Prozent liegt, also 2 Prozent über dem Durchschnitt, dann rechne ich einmal vor, was allein das bedeutet: Bei 1.000 Mitarbeitern fallen ständig 25 Mitarbeiter mehr aus als in anderen Unternehmen, wo der Krankenstand dem Durchschnitt entspricht. Bei Gehaltskosten von durchschnittlich 50.000 Euro pro Mitarbeiter sind das 1,25 Millionen Euro im Jahr, die verschwendet werden. Ungesunder Druck und mangelnder Rhythmus können richtig teuer werden. Viele Unternehmer und Manager müssen noch lernen, dem Rhythmus wirklich zu vertrauen. Sie meinen, Überforderung könnte ihnen etwas bringen. Dabei ist jede Überforderung wie ein Kredit, von dem ich jeden Cent zurückzahlen muss. Meistens sind auch noch Zinsen fällig. Das heißt, unter dem Strich verliere ich.

Burn-out der Mitarbeiter, Stillstand des Betriebs

Die Überforderung von Menschen ist die Mutter aller Überlast. Wer mit sich selbst und seinen Mitarbeitern sorglos umgeht, der geht oft auch mit Maschinen und Material sorglos um. Wenn man genauer hinschaut, dann zeigen sich zwei Ursachen der Überlast, die beide – sowohl Menschen als auch Maschinen – betreffen können: Entweder will jemand immer das Maximum herausholen. Das führt zu ständiger Überlast. Oder es geht die typische Welle durchs Unternehmen, die alle Rhythmen durcheinanderbringt. Das hat partielle Überlast zur Folge. In Unternehmen kann man meistens eine Zeit lang am Limit operieren. Aber je länger man das tut, desto wahrscheinlicher ist irgendwann der Stillstand. Beim Menschen heißt dieser Stillstand Burn-out oder Schlimmeres. Bei Prozessen und Maschinen kann es sein, dass der Betrieb ganz oder teilweise zum Erliegen kommt. Dieses Problem hat zum Beispiel die Deutsche Bahn immer wieder. Um bestimmte strategische Ziele zu erreichen, legte deren Topmanagement vor einigen Jahren ein Sparprogramm auf, von dem klar war, dass es Überlast auf vielen Ebenen zur Folge haben musste.

Alle Räder stehen still

Am 20. November 2006, morgens gegen 10.30 Uhr, fährt in Berlin ein S-Bahn-Zug der Linie S25 in den Bahnhof Südkreuz ein. Viele Fahrgäste sind von ihren Sitzen aufgestanden und warten in den Gängen und an den Türen auf den Halt. Südkreuz ist ein wichtiger Umsteigebahnhof – hier kreuzt die Nord-Süd-Strecke der S-Bahn die sogenannte Ringbahn. Keinem der Fahrgäste fällt etwas Ungewöhnliches auf. Der Zug bremst zwar stark, doch das kommt öfter vor, zum Beispiel wenn ein Signal plötzlich auf Halt springt. Wer regelmäßig S-Bahn fährt, der kennt so was. Dass die Spitze des Zugs bereits über das Ende des Bahnsteigs hinausgeschossen ist, kann in den hinteren Wagen niemand sehen. Dann knallt es ohrenbetäubend. Glas zersplittert, Fahrgäste fliegen wie Geschosse durch das Innere des Zugs. Die S-Bahn ist auf einen hinter dem Bahnsteig im Gleis stehenden Messzug aufgefahren. 33 Fahrgäste werden verletzt, zwei davon schwer. Dieser Unfall war einer der ersten Hinweise darauf, dass bei der S-Bahn Berlin, einer hundertprozentigen Tochter der Deutschen Bahn, etwas nicht stimmte. Wenn der Messzug nicht unmittelbar hinter dem Bahnhof im Gleis gestanden hätte, wäre das misslungene Bremsmanöver wahrscheinlich nicht weiter aufgefallen. Der Fahrer hätte die Fahrgäste vorn im Zug einfach gebeten, weiter hinten auszusteigen. Verbremst, sorry.

S-Bahn Berlin: Überlast als gefährliches Spiel

Doch so gab es eine behördliche Unfalluntersuchung. Dabei zeigte sich, dass die Sandvorräte in den Streueinrichtungen, die bei starkem Abbremsen Sand vor die Räder streuen und damit den Bremsweg verkürzen, bei dem Unglückszug fast leer waren. Nur noch »minimale Mengen« kamen laut Gutachten des Eisenbahn-Bundesamts bei der Bremsung auf die Schienen. Recherchen der ARD brachten später ans Licht, dass die Sandvorräte an den S-Bahn-Zügen für ungefähr 16 Tage reichten. Das Management soll als Sparmaßnahme jedoch vorgegeben haben, das Wartungsintervall der Streueinrichtungen auf 21 Tage auszudehnen. Ein gefährliches Spiel. Die Gutachter des Eisenbahn-Bundesamts ließen nicht locker und sahen sich die gesamte Bremsanlage der betroffenen Zug-Baureihe näher an. Diese Untersuchung warf die Frage auf, wie es überhaupt zur Zulassung der Bremsen gekommen war. Laut Recherche der ARD kamen die Züge aus voller Fahrt nicht, wie gefordert, nach 400 Metern zum Stehen, sondern erst nach rund 720 Metern. Der Verdacht kam auf, die Bahn könnte bereits bei der Zulassung der Bremsanlage geschummelt haben. Auch bei den Zugrädern hielt man sich laut ARD nicht an interne Erkenntnisse zur Leistungsfähigkeit des Materials: Obwohl die Vorderräder nach Berechnungen von Bahnexperten eine maximale Laufleistung von 750.000 Kilometern hatten, segnete die Unternehmensführung eine Laufleistung von 1,3 Millionen Kilometern ab.

Der Unfall am Bahnhof Südkreuz war wie ein Warnschuss. Doch die Bahn nahm ihn offenbar nicht zum Anlass, ihre Sparpolitik zu ändern. Wartungsmängel wurden nur dort abgestellt, wo das Eisenbahn-Bundesamt es ausdrücklich forderte. Noch knapp drei Jahre ging das gut. Dann brach Chaos aus. Im Jahr 2009 kam der S-Bahn-Verkehr in Berlin zeitweise fast vollständig zum Erliegen. Das Eisenbahn-Bundesamt hatte drei Viertel des Wagenparks wegen neuerlicher Wartungsmängel aus dem Verkehr gezogen. Auf der bei Touristen beliebten Ost-West-Verbindung, die über den Bahnhof Zoo und durch den Tiergarten zum Alexanderplatz führt, fuhr wochenlang kein einziger Zug mehr. Die gesamte Geschäftsführung der S-Bahn Berlin musste ihren Hut nehmen. Politiker aller Parteien sahen jedoch in den überhöhten Gewinnerwartungen der Deutschen Bahn an ihr Tochterunternehmen die eigentliche Ursache für das Debakel. Schuldige zu benennen, hat allerdings noch nirgendwo die Probleme gelöst. So auch hier: Es dauerte Monate, bis nur die gravierendsten Wartungsmängel behoben waren. Dabei kamen immer mehr Details ans Licht. Das Eisenbahn-Bundesamt erklärte der Öffentlichkeit, dass Bremsanlagen jahrelang nicht vorschriftsmäßig gewartet und Wartungsdokumente gefälscht worden seien.

Berliner S-Bahn-Chaos 2009: Paradebeispiel chronischer Überlast

Das Berliner S-Bahn-Chaos von 2009 ist ein Paradebeispiel für die Folgen chronischer Überlast. Das passiert, wenn man das Letzte aus einem System herausholt. Ein typisches Phänomen ist dabei etwa, dass es erstaunlich lange gut geht. Die Überlast ist wie eine tickende Zeitbombe. Doch selbst krasse Warnsignale – wie zum Beispiel Unfälle – werden oft nicht ernst genommen. Die Situation wird beschönigt, und man betreibt bestenfalls Kosmetik. Irgendwann kommt dann der Knall. Auch das ist typisch. Jetzt gibt es Probleme nicht nur an einer Stelle, sondern überall auf einmal. Die Lage gerät außer Kontrolle. Ebenso typisch für chronische Überlastung in Unternehmen ist die allmähliche Korruption der Mitarbeiter. Es beginnt mit kleinen Schummeleien, zu denen Mitarbeiter genötigt werden: hier mal ein falsch ausgefülltes Wartungsprotokoll, da mal eine »vergessene« Überprüfung, damit keine Zeit verloren geht. Irgendwann ist das Betriebsklima ramponiert. Alle fühlen sich schlecht bei dem, was sie tun. Aber niemand begehrt auf, weil ja längst alle mitmachen.

Schließlich kommt irgendwann die Quittung. Auch das ist typisch: Die Bilanz der Überlast fällt am Ende immer negativ aus. Unter dem Strich kostete das S-Bahn-Chaos von 2009 die Deutsche Bahn möglicherweise einen dreistelligen Millionenbetrag. Das berichteten Medien, die mit Mitgliedern des Bahn-Aufsichtsrats gesprochen hatten. Der Vorstand Personenverkehr der Deutschen Bahn bezifferte den Schaden allein für 2009 auf 75 Millionen Euro. Zu den Kosten für die nachzuholende Wartung und vom Eisenbahn-Bundesamt geforderte technische Verbesserungen kamen Schadenersatzforderungen: Sowohl das Land Berlin als Besteller des S-Bahn-Verkehrs als auch die Inhaber von Monatskarten verlangten Entschädigung. Diese Forderungen gingen in die Millionen. Schließlich hatte die Berliner S-Bahn – wie alle Unternehmen nach ähnlichen Skandalen – mit einem massiven Imageschaden zu kämpfen. Der fiel wegen des Quasi-Monopols der Bahn nur nicht so sehr ins Gewicht. Wenn bei einer Fluggesellschaft vergleichbare Wartungsmängel ans Licht gekommen wären, hätte sie sich auf eine massive Abwanderung von Kunden zu anderen Airlines gefasst machen müssen.

Klugheit und Respekt

Nachhaltige Spitzenleistung braucht gesunde Rhythmen

Um chronische Überlast zu vermeiden, ist es besonders wichtig, sich an das Lean-Prinzip »Respect for People« zu erinnern. Bei Toyota hat man schon lange diese ganzheitliche Sicht: Überfordere dich selbst nicht, überfordere deine Mitarbeiter nicht und überfordere die Leistungsfähigkeit von Maschinen und Material nicht! Anderswo wirken manche Führungskräfte wie Getriebene. Kurzfristigen Einspar- oder Gewinnzielen ordnen sie alles unter. Sie schwören ihre Mitarbeiter darauf ein. Dass das nicht systemisch und langfristig gedacht ist, wissen sie eigentlich. Nachhaltige Spitzenleistung braucht gesunde Rhythmen.

Wellenförmige Überlast: die Prozesse nachjustieren

Bei der zweiten Form der Überlast, der partiellen Überlast in Form von Wellen, ist mangelnder Respekt im Umgang mit sich selbst und anderen dagegen nicht unbedingt ein Thema. Anders gesagt: Wellen von Überlast kommen auch in Unternehmen vor, in denen das Betriebsklima stimmt, Ehrlichkeit herrscht und niemand bewusst Grenzen überschreitet. Zwar führt es zum Beispiel auch zu Überlastungsspitzen, wenn Überstunden ausgereizt werden. Das hat auch oft mit dem zwischenmenschlichen Faktor und dem Respekt vor den Mitarbeitern und ihrer Leistung zu tun. Alles in allem ist es jedoch mehr eine Frage des klugen Austüftelns, die wellenförmige Überlast zu vermeiden. Das kann ein langwieriger Prozess sein, bei dem man verborgene Rhythmen erkennen und immer wieder nachjustieren muss.

So war es auch bei einem süddeutschen Maschinenbauer, bei dem ein sehr gutes Betriebsklima herrschte. Anders als bei der Bahn übte das Management keinen fragwürdigen Druck aus. Sämtliche Produktionsmittel waren in einem einwandfreien Zustand. Es herrschte lediglich die Überzeugung: »Der Kunde bestellt, wie er will.« Die – angeblich – unberechenbaren Kundenbestellungen wurden stets eins zu eins in die Produktion durchgereicht. So machen es viele Unternehmen, die sich noch nicht mit Lean Management beschäftigt haben. Sie können es nicht besser. Kommt dann wie bei dem Maschinenbauer ein Großauftrag rein, in dem – sagen wir – zehn Mal eine Maschine der Variante 1 verlangt wird, laufen die Produktionsanlagen für diese Maschine kurz darauf unter Volllast. Die Mitarbeiter sind sofort im Stress. Andere Mitarbeiter sitzen gleichzeitig im Pausenraum und spielen Karten. Die Maschinen der Varianten 2 und 3, die sie bauen, sind eben gerade nicht gefragt.

Genauso lief es bei dem süddeutschen Maschinenbauer – und natürlich war das so nicht akzeptabel. Deshalb betrieb das Unternehmen einen riesigen Aufwand, um kurzfristig umzuplanen und Mitarbeiter woanders einzusetzen, als ursprünglich gedacht. Es gelang ihm dadurch aber nicht, die Produktivität zu steigern. Durch die kurzfristige Überlast kam es vielmehr immer wieder zu Ausfällen. Dann musste improvisiert werden, was weiteren Planungsaufwand bedeutete. Es wurde also wie verrückt geplant, aber nur, um Löcher zu stopfen. Ruhe kehrte auch bei dem Maschinenbauer erst ein, als er seine gesamte Produktion anhand von Rhythmen neu organisierte. Die Kunst bestand darin, Kundentakte und verborgene Rhythmen zu erkennen. Plötzlich bestellten die Kunden nicht mehr, »wie sie wollten«, sondern viel berechenbarer. Man verstand aber unter »Bestellungen« jetzt auch nicht mehr komplette Anlagen, sondern die Bestellung einzelner Komponenten. Darauf konnte man dann einfacher reagieren.

Das Dogma der hohen Stückzahlen

Respekt ist also das eine, Klugheit das andere. Ich darf mich und meine Mitarbeiter nicht chronisch überfordern. Ich brauche aber auch gute Ideen dazu, wie ich die Produktion an belastbaren Rhythmen ausrichte. Was ich in diesem und den drei vorherigen Kapiteln beschrieben habe, hängt letztlich ganz eng miteinander zusammen: Prozesse synchronisieren, Rhythmus aufbauen, Verschwendung und Überlast vermeiden. Man kann das gedanklich trennen, doch in der Praxis greift eines ins andere. Ein Umdenken auf vielen Ebenen muss einsetzen. Die Produktion wird flexibler aufgestellt. Dabei müssen sich Unternehmen auch von manchem Irrglauben verabschieden. Dazu gehört zum Beispiel der Glaube, nur hohe Stückzahlen ermöglichten kostengünstige Produktion. Das Gegenteil ist oft der Fall: Hohe Stückzahlen führen zu Wellen der Überlast, zu Überproduktion und damit zu Verschwendung. Die Zukunft gehört den kleinen Losgrößen, wie etwa der kundenindividuellen Brille aus dem 3-D-Drucker.

An dieser Stelle wird deutlich, warum Lean Management auf einen kulturellen Wandel im Unternehmen hinausläuft: Es gilt, an vielen Stellen umzudenken. Und es ist nötig, nicht nur einmal ein bisschen zu verändern. Stattdessen muss man die Dinge immer wieder hinterfragen, ändern und anpassen. Wandel im Unternehmen wird zum Normalzustand. Davon handelt das abschließende Kapitel.

KAPITEL 10

Auf der Erfolgsspur: Wandel als Normalzustand

Was war das? Schlagartig bin ich wach und starre mit aufgerissenen Augen an die Zeltdecke. Mein Puls hämmert. Da! Wieder dieses Gebrüll. Ein röhrender Elch? So hört es sich an. Das ist eindeutig ein Tier. Und es klingt richtig böse. Ob Elche solche Laute von sich geben? Ist das unheimlich! Vielleicht ... ist das ja auch ein Bär? In Schweden soll es doch Bären geben. Ach, du Schande!

Auf meiner Radtour schlief ich zum ersten Mal in meinem Leben allein im Wald. Das war zwei bis drei Stunden nördlich vom Vänern, Schwedens größtem See. Die Situation, in der freien Natur schlafen zu müssen, kam für mich früher als gedacht. Der Vänern liegt im Süden von Schweden, keine 100 Kilometer von der Großstadt Göteborg entfernt. Er ist riesig, zehnmal so groß wie der Bodensee, und ein beliebtes Urlaubsziel. An den Ufern gibt es alle paar Kilometer einen Campingplatz. Ich war deshalb – etwas naiv – davon ausgegangen, dass sich auch nördlich des Vänern noch Campingplätze ohne Ende finden würden. Doch dann kam erst mal kein einziger.

Dass es in Schweden Bären gibt, hatte ich vor der Tour in einem Artikel über Skandinavien gelesen. Und nun war es weit nach Mitternacht, mein Zelt stand mitten in einem schwedischen Wald, weit und breit gab es kein Haus, durch den Wald gellte bestialisches Gebrüll – und ich musste an Bären denken! Panik kroch mir die Wirbelsäule hoch.

Plötzlich war ich mir todsicher: Hier in der Nähe ist ein Bär! Ich sprang auf und begann hektisch, meine Lebensmittel zusammenzusuchen.

Die mussten sofort raus hier, raus aus dem Zelt! Denn sonst würden sie den Bären anlocken. Ein Alptraum.

Mit einem Beutel voller Lebensmittel in den Händen stürzte ich aus dem Zelt und lief den kleinen Waldweg entlang, an dessen Rand ich mein Zelt aufgebaut hatte. Ich rannte bestimmt 100 Meter weit. Dann hängte ich mein Essen in einen Baum. Schnell zurück ins Zelt und in den Schlafsack! Ungefähr eine Stunde dauerte es, bis sich mein hämmernder Puls so weit beruhigt hatte, dass ich schlafen konnte. Während ich wegdämmerte, stellte ich mir vor, wie der Bär den Thunfisch aus meinem Packbeutel fraß und mich dafür am Leben ließ.

Realität als Schock

Heute weiß ich mehr über Bären in Schweden als während meiner Radtour. Zunächst mal: Ja, es gibt sie. Man schätzt den Bestand auf etwa 1.000 Tiere im ganzen Land. Rund um den Vänern gibt es aber überhaupt keine. Das ist noch viel zu weit im Süden und zu nahe an den großen Städten. Wo es Bären gibt, da sind sie sehr menschenscheu. Sie riechen Menschen schon von Weitem und verziehen sich. In den letzten 100 Jahren wurden in Schweden nur zwei Menschen von einem Bären getötet. Beide waren Jäger, die den Bären zur Strecke bringen wollten. Die Einheimischen machen sich heute viel mehr Gedanken über Wölfe als über Bären. Ihre Rückkehr ist ein sehr kontroverses Thema in Schweden. Aber auch die Wölfe sind nicht wirklich gefährlich für den Menschen, solange er sich an ein paar Verhaltensregeln hält. Also zum Beispiel nicht panisch vor ihnen wegläuft und damit ihren Jagdinstinkt weckt. Ich könnte noch mehr über wilde Tiere in Skandinavien schreiben. Darüber, wie gefährlich oder ungefährlich es ist, allein in der Wildnis zu zelten. Oder welche Laute durch die nächtlichen Wälder hallen. Dabei behalte ich jetzt meinen Ruhepuls. Die Situation ist vorbei und ich bin wieder zu Hause. Kein Grund zur Panik.

Spekulation vs. reale Situation

Und genau das ist eben der Unterschied, den wir so gerne unterschätzen. Der Unterschied, ob ich vorher über etwas nachdenke, im Nachgang darüber reflektiere oder es gerade real erlebe. Wenn wir über ein Vorhaben nachdenken und Pläne schmieden, malen wir uns die Situation oft ganz anders aus, als wir sie dann wirklich erleben. Wir glauben, dass etwas ganz besonders schön werden wird, und am Ende ist es dann doch langweilig. Oder wir haben große Angst vor einer Situation, und wenn wir sie dann erleben, fühlt sie sich halb so wild an. Umgekehrter Fall: Eine Situation war wirklich schlimm. Aber je länger sie her ist und je öfter wir darüber reflektieren, desto harmloser fühlt sie sich an. Am Ende lachen wir darüber und denken: Heute würde mir das nichts mehr ausmachen. Aber da können wir gar nicht sicher sein. Erst wenn wir die Situation noch einmal real erleben, wissen wir, wie wir damit umgehen. Alles andere ist Spekulation.

Das Verrückte ist: Obwohl wir Menschen den Unterschied zwischen darüber nachdenken und real erleben genau kennen, vergessen wir ihn immer wieder. Zumindest handeln wir nicht danach. Immer wieder glauben wir, dass die Dinge so sind, wie wir sie uns ausmalen. So sind sie aber in der Realität eigentlich nie. Das ist eine typische Illusion oder Denkfalle. Es gibt so gut wie niemanden, der gegen diese Illusion immun wäre. Da fährt jemand zum Beispiel seit Jahren an die Costa Brava in den Urlaub und ist immer wieder enttäuscht. Die Küste ist verbaut, ihm ist viel zu heiß und viel zu voll, und das Essen schmeckt ihm da auch nicht. Im nächsten Jahr hat er das aber alles wieder vergessen. Er wälzt Prospekte mit traumhaften Fotos von der Costa Brava und malt sich den nächsten Urlaub ganz toll aus. Er weiß schon nicht mehr, wie es wirklich ist, dort zu sein. Ähnlich wie der Autofahrer, der hinter einem Fahrschulauto herfährt und hupt, wild gestikuliert und sich aufregt. Er weiß nicht mehr, wie es sich angefühlt hatte, als er selbst Fahrschüler war und seine natürlichen Feinde »Parklücke« und »Beschleunigungsstreifen« hießen.

Von da ist es nicht weit zum Unternehmer, der eine weitere Firma gründet, weil er eine geniale Idee hat, und sich ausmalt, was für ein Bombenerfolg das werden würde. Nach dem Notarbesuch ist jedoch alles viel schwieriger als gedacht: Die Märkte sind noch nicht reif für das Produkt, die Kunden verstehen es nicht, es finden sich keine guten

Mitarbeiter. Alles ist irgendwann nur noch stressig, und der Erfolg scheint in weite Ferne gerückt. Trotzdem war es richtig, dass der Unternehmer den Schritt gewagt hat. Sonst wäre es bei der Idee geblieben, und er hätte nie erfahren, wie die Realität aussieht. Die Realität ist vielleicht manchmal ein Schock. Aber nur in dieser Realität, in der täglichen Praxis, zeigt sich, ob eine Idee, ein Plan, eine Methode, eine Strategie etwas taugt. Manchmal sind wir sogar froh, dass wir vorher nicht wussten, was alles auf uns zukommen würde. Wir sind durch ein Tal gegangen, aber wir sind auch glücklich, dieses Tal durchschritten zu haben. Weil wir in dem, was wir erlebt haben, einen Sinn erkennen. Diese Erfahrung von Sinn können wir nur in der Realität machen, nicht in der Fantasie. Es ist für uns Menschen nicht erfüllend, nur über Dinge nachzudenken. Wir müssen sie tun.

Alles kommt anders

Auf meiner Radtour über fast 10.000 Kilometer war ich immer wieder mit neuen und ungewohnten Situationen konfrontiert worden. Ich hatte noch nichts Vergleichbares erlebt. Ja, ich war überhaupt noch nie länger als drei Wochen am Stück von zu Hause weg gewesen. Manches kam völlig überraschend. Anderes hatte ich mir vor dem Start der Tour anders vorgestellt, als es dann tatsächlich war. Meine Ankunft am Nordkap ist das extremste Beispiel. Im ersten Kapitel habe ich geschildert, wie toll es in meiner Fantasie ausgesehen hatte, die Nordkapkugel zu erreichen, und was ich dann tatsächlich erlebt habe. Der Kontrast hätte kaum größer sein können. Rückblickend bin ich dankbar für die reale Erfahrung. Sie ist wertvoller als alles, was ich mir im Kopf hätte ausmalen können.

Auch das Zelten in der Natur war anders, als ich es mir gedacht hatte. Ich war ja überhaupt noch nie in Skandinavien gewesen und konnte die Nächte, die ich in meinem bisherigen Leben in einem Zelt geschlafen hatte, an den Fingern meiner Hände abzählen. Das Zelten in der Wildnis hatte ich mir irre romantisch vorgestellt. So war es dann auch. Aber nur drei- oder viermal während der vielen Wochen, die ich unterwegs war. Da schlief ich an einem idyllischen See oder auf einem Hochplateau mit gigantischer Aussicht. Die meisten anderen Male war das Zelten einfach nur nervig. Und je länger das so ging, desto öfter fühlte ich mich wie ein Asi, wie ein Penner, der sich zum Schlafen in die Büsche schlägt.

Als ich mental völlig unvorbereitet die erste Nacht im Wald verbringen sollte, weil es plötzlich Abend war und es weit und breit keinen Campingplatz gab, war das ein sehr komisches Gefühl. Ich bin kein ängstlicher Typ und würde nicht von mir behaupten, dass ich übertrieben verwöhnt bin, was die Annehmlichkeiten des täglichen Lebens betrifft. Deshalb sah ich es vor der Tour auch gar nicht als Problem an, dass ich mein Zelt ab und zu in der freien Natur aufbauen würde. Man kann ja auf dem Weg zum Nordkap nicht jeden Tag einen bewachten Campingplatz und eine blitzsaubere Dusche verlangen. Als es dann so weit war, wurde ich total nervös. Ich suchte ewig nach einem geeigneten Platz für mein Zelt. Ich hatte mir die Wälder so schön aufgeräumt vorgestellt, mit netten Wiesen und Lichtungen und überall Platz zum Schlafen. In Wirklichkeit war alles voller Steine und Gestrüpp. Ich konnte mich erst mal für keinen Platz entscheiden.

Gut, dachte ich irgendwann, es nützt ja nichts. Ich muss jetzt aus meiner Komfortzone raus und das einfach machen. Da sah ich einen Waldweg von der Straße abgehen. In den bog ich ein und baute nach 200 Metern mein Zelt am Wegesrand auf. Ich war total verunsichert, weil ich nicht wusste, wie viele Menschen da abends noch unterwegs waren. Vielleicht war das auch eine Zufahrt zu irgendeiner Jagdhütte, und es könnte ein Auto vorbeikommen? Oder es würde mich nachts jemand wecken, weil das ein Privatgrundstück war und ich da nicht zelten durfte? Es dauerte lange, bis ich zur Ruhe kam. Und dann weckte mich mitten in der Nacht dieser röhrende Elch. Oder was auch immer das für ein Tier war. Und ich bekam Angst vor Bären. Heute hört sich das für mich lustig an, was ich in dieser Nacht erlebt habe. Schon am nächsten Morgen fand ich es auch irgendwie cool, mitten im Wald aus meinem Zelt zu schlüpfen. Aber als ich von diesen gespenstischen Tierlauten wach geworden war, hatte ich richtige Angst.

Panik vor dem Startschuss

Überhaupt die Angst. Anderthalb Jahre lang hatte ich mich auf die Tour vorbereitet, und das lief immer ganz easy. Der Startschuss war noch weit weg. Ich machte mir einfach keine Gedanken. Zwei Wochen, bevor es losgehen sollte, bekam ich dann plötzlich Panik. Ich schlief schlecht und fragte mich, ob ich jetzt tatsächlich losfahren sollte. Meine Testtour lag hinter mir, ich hatte meine Ausrüstung komplett zusammen, und nun sollte ich das wirklich machen, was ich seit Monaten herumposaunt hatte. Die plötzliche Angst kam auch daher, dass ich mir erst zwei Wochen vor dem Start die Dimensionen der Route so richtig klarmachte. Alter Finne, war das weit! Ich fragte mich auf einmal, ob eine große Runde durch Deutschland nicht auch schon sehr cool wäre. Diese Ängste und Zweifel überraschten mich total, weil ich vorher ja so ruhig gewesen war. Wollte ich jetzt etwa kneifen? Einerseits konnte ich mir das gar nicht vorstellen. Andererseits war ich plötzlich so nervös, dass ich nach einem Plan B suchte, um notfalls aus der Nordkap-Nummer wieder rauszukommen.

Wechselbad der Gefühle

Auf einmal wird es ernst, und es fühlt sich anders an als beim Planen – diese Situation erlebe ich auch in Unternehmen oft. Eine Einführung von Lean Management hat bei meinen Auftraggebern fast immer einen längeren Vorlauf. Der Kontakt zu mir kommt zustande, das Unternehmen signalisiert Interesse, und dann spreche ich typischerweise erst mal mit dem Management. Diese Gespräche sind eher locker und easy. Zwar ahnen die meisten Entscheider, dass ein substanzieller Umbruch auf ihre Firma zukommt. Aber das macht ihnen erst mal keine Angst. Manager sehen es als ihre Aufgabe an, strategisch zu denken, langfristig zu planen und ihr Unternehmen fit für die Zukunft zu machen. Viele haben richtig Spaß daran, Pläne für Veränderungen zu schmieden. Endlich mal wieder groß denken! Nicht selten ist eine Person im Management die treibende Kraft. Sie macht den Wandel zu ihrer ganz persönlichen Agenda. Das ist oft der Inhaber oder der Geschäftsführer.

Veränderung muss man *gemeinsam* wollen

Doch wenn der Startschuss naht, wird es schwieriger. Dann zeigt sich nicht selten, dass das mittlere Management noch überhaupt nicht im Boot ist. Im Gegenteil, es kommen haufenweise Ängste hoch, und unter Umständen formiert sich sogar Widerstand. Zähe Kämpfe zeichnen sich ab. Selbst wenn es gelingen sollte, das Mittelmanagement schnell zu überzeugen, heißt das noch lange nicht, dass auch alle Mitarbeiter schon einverstanden sind. Mitarbeiter äußern Bedenken nicht immer direkt. Ihr Widerstand kann sich auch darin zeigen, dass sie die Umsetzung von gemeinsam beschlossenen Maßnahmen heimlich sabotieren. Plötzlich wird vielen klar, was für ein langer Weg es werden könnte, bis das Unternehmen schlank und agil aufgestellt ist. Jetzt heißt es dranbleiben. Es kommt darauf an, die Veränderung wirklich zu wollen – *gemeinsam* zu wollen – und sich auf einen herausfordernden Weg einzulassen. Das Abenteuer beginnt.

Beim Aufbruch zu meinem großen Abenteuer herrschte so viel Trubel, dass ich gar keine Gelegenheit hatte, nervös zu werden. Zehn meiner Freunde begleiteten mich auf ihren Fahrrädern die ersten 20 Kilometer bis zur französischen Grenze. Das war eine schöne Geste, die auch noch richtig Spaß machte. Der Start fiel mir dadurch überraschend leicht, zumal ich die Nacht zuvor auch ganz gut geschlafen hatte. Da war längst klar, dass ich die Tour machen würde. Alle alternativen Überlegungen fand ich auf einmal lächerlich. Doch schon beim Abschied von meinen Freunden kurz vor der Grenze wurde es zum ersten Mal emotional. Ich kämpfte mit den Tränen. Ich wusste, dass ich von nun an auf mich allein gestellt sein würde. Und das, obwohl ich alles andere als der Experte für Survival-Abenteuer war. Ich war nicht einmal bei der Bundeswehr gewesen, wo ich vielleicht das eine oder andere Nützliche über das Kampieren in der Wildnis gelernt hätte. An der Grenze zu Frankreich wurde aus meiner coolen Aktion schlagartig eine ernste Herausforderung.

In den ersten Tagen und Wochen fühlte ich eine Grundspannung, die mich die ganze Zeit begleitete. Nichts lief wirklich so, wie ich mir das ausgemalt hatte. Es traten Probleme auf, mit denen ich nicht gerechnet hatte. Dadurch fühlte ich mich permanent leicht gestresst. Es fing an mit dem ersten Abend in Straßburg. Der Restaurantbesuch, auf den ich mich so gefreut hatte, fiel ins Wasser. Als ich am nächsten Morgen eher in einem See als auf einem Campingplatz aufwachte, war ich schon leicht angezählt und fragte mich, ob ich wirklich weiterfahren wollte. Ich raffte mich auf und trotzte den Unwettern der nächsten Tage. Rein in die Regenklamotten, raus aus den Regenklamotten, von früh bis spät.

Hinzu kamen viele Kleinigkeiten, die mich in der Summe sehr nervten. Die Elektronik bedeutete grundsätzlich Stress. Mit dem Nabendynamo lud ich tagsüber ein Power-Pack und nachts damit das Smartphone. Vier Power-Packs gingen nacheinander kaputt. Auch die USB-Kabel hielten nicht lange. An genügend Strom für ein Tablet war nicht zu denken. Das Smartphone brauchte ich unbedingt zum Navigieren. Google Maps schickte mich allerdings in Deutschland einmal am Tag in einen Wald, auf ein Privatgrundstück oder vor ein Fabriktor. Ein schöner Weg entlang der Ruhr endete vor einem Gitter, das ein Wasserschutzgebiet abriegelt. Jedes Mal musste ich umkehren und hatte mindestens zehn Kilometer Umweg zu fahren. In den Modus für Autos zu wechseln, war keine Option, denn dann suchte Google Maps die nächstgelegene Autobahn. Ich hatte noch eine Navi-App, aber die war praktisch wertlos. Sie berechnete wahnsinnige Umwege. Einmal sollten da 150 km per Auto 350 km per Fahrrad sein, also 200 km Umweg. Das konnte ja nicht stimmen! Rund um Freiburg und während der Testfahrt in den Vogesen hatte die Navigation perfekt geklappt. So viel zum Thema Testläufe. Auch sie sind noch nicht die Realität. Ich versuchte, alle Probleme immer sehr sachlich anzugehen und vor allem darauf zu achten, dass ich im Rhythmus blieb. Damit war ich mental stark beschäftigt. Unterm Strich: In den ersten zwei Wochen konnte ich mich nie entspannen.

In Skandinavien erwarteten mich neue Herausforderungen: wenige Einkaufsmöglichkeiten, nicht vorhandene oder geschlossene Campingplätze, Schlafen im Wald. Dann die öden neun Tage in Fichtenwäldern und mein härtester Tag, an dem ich mich total überlastete. Erst nachdem ich das Nordkap erreicht hatte, löste sich die Anspannung. Obwohl ich mir für den Rückweg eine sogar noch etwas längere Route ausgesucht hatte, wusste ich jetzt, dass ich es schaffen würde. Zurück in Schweden, fühlte ich mich sogar schon ein wenig heimisch. Ich konnte die Gegebenheiten einschätzen, war auf die Langeweile der Wälder gefasst und kam sogar mit den Knotts klar. Die Fahrt durch Finnland, Estland, Lettland und Polen bedeutete dann schnellen Wandel. Jetzt waren Sprachen dabei, vor allem Finnisch und Polnisch, bei denen ich nicht mehr raten konnte, was auf Schildern stand. In Schweden und Norwegen ging das ganz gut, weil die Sprachen mit dem Deutschen und dem Englischen eng verwandt sind. Auch musste ich mich jetzt an andere Einkaufsmöglichkeiten gewöhnen. Ich musste in Läden lange suchen, konnte mich mit den Leuten nicht verständigen und brauchte teilweise erst Bares in Landeswährung, weil Kartenzahlung hier nicht so gängig ist wie in Norwegen und Schweden.

Alles war (emotional) anstrengender als gedacht

Das alles war anstrengender als gedacht. Meine körperliche Fitness war zwar kein Thema mehr, aber die Highlights waren weg, und ich musste durchhalten. Nachdem ich am Nordkap gewesen war, hatte auch das Interesse meiner Facebook-Freunde nachgelassen. Ich merkte, dass sich mein Freundeskreis anderen Dingen zuwandte und meine Tour nicht mehr so interessant war. So was ist ein schwieriger Zeitpunkt, auch in Change-Projekten: Neue Vorhaben werden auf einmal spannender, und man muss aufpassen, dass alle bis zum Schluss dabeibleiben und man das Projekt wirklich zu Ende bringt. In Polen hatte ich zeitweise keine Lust mehr. Ich verzichtete auf den schönen Weg entlang der Ostseeküste, den ich mir ursprünglich vorgenommen hatte, und fuhr lieber über die Autobahn. Das machen in Polen zwar viele Radfahrer, man begegnet sogar Pferdefuhrwerken auf dem Seitenstreifen, aber etwas Verzweifeltes hatte es trotzdem. So wurde die Tour noch ein letztes Mal anders und wesentlich anstrengender, als ich mir das vorgestellt hatte.

Was Sinn macht

Es ist oft darüber geschrieben worden, wie viele Change-Projekte scheitern und woran das liegt. Studien fördern in schöner Regelmäßigkeit zutage, dass ein großer Teil der Veränderungsvorhaben in Unternehmen entweder gar nicht konsequent zu Ende geführt wird oder nicht die Ergebnisse bringt, die das Management erwartet hatte. Für diese Erkenntnis braucht man die Studien der Unternehmensberatungen mit den klangvollen Namen aber eigentlich gar nicht. Das sagt einem schon der gesunde Menschenverstand. Jedenfalls, wenn man das Prinzip bedenkt, dass es immer einfacher ist, etwas zu planen und sich in Gedanken auszumalen, als es tatsächlich umzusetzen. Es ist selten einfach, konsequent dranzubleiben, wenn einem der Wind ins Gesicht bläst und zeitweise alles hoffnungslos erscheint. Unternehmer, Manager und Unternehmensberater lieben Strategien, Konzepte und Pläne. Dagegen ist im Prinzip nichts einzuwenden, denn das ist Teil ihrer Jobs.

Entscheidend ist, anzufangen

Es kommt allerdings aufs Machen an und nicht aufs Nachdenken. Es kommt darauf an, anzufangen, sich gemeinsam ins Abenteuer zu stürzen und dann durchzuhalten. Vor allem aber kommt es darauf an, die Menschen mitzunehmen. Wandel in Unternehmen ist heute der Normalzustand. Okay, so etwas schreibt sich leicht auf eine PowerPoint-Folie. Schwieriger ist es, einen Zustand zu erreichen, in dem sämtliche Mitarbeiter diesen Grundsatz befürworten und danach handeln. Doch erst in diesem Zustand ist ein Unternehmen lean und agil. Lean Management läuft auf einen permanenten Wandel hinaus, der von allen befürwortet und getragen wird. Das ergibt sich schon aus dem Kaizen, dem Streben nach kontinuierlicher Verbesserung. Es folgt auch aus der agilen Vorgehensweise in Projekten, bei der man nur mit einer hohen Bereitschaft zum Experimentieren und viel geistiger Beweglichkeit weiterkommt. Was aber motiviert Menschen, sich immer wieder zu verändern, Neues auszuprobieren und Schwierigkeiten zu bewältigen? Was gibt ihnen die nötige Energie?

Warum als Quelle der Motivation

Für mich ist das keine Frage: 80 Prozent der Motivation beim Menschen ist das *Warum*. Mit dem Warum fängt alles an. Wenn ich in meiner Tätigkeit einen Sinn sehe, dann bleibe ich dran und bin auch bereit, durch ein Tal der Tränen zu gehen. Ziele und Zielbilder sind gut und schön. Natürlich hat mich mein Zielbild, an der Nordkapkugel zu stehen und die Arme wie ein Sieger in die Höhe zu reißen, enorm motiviert und mir Energie gegeben. Aber es war ja dann gar nicht so, wie ich es mir erträumt hatte, und ich hatte mehr als die Hälfte der Tour noch vor mir. Weshalb gab ich an dem Punkt nicht auf? Weil es für mich ein Warum gab, einen übergeordneten Sinn. Ich wollte mit der Tour etwas zeigen, Vorträge halten und ein Buch schreiben. Es war letztlich auch ein wichtiger Baustein zu meiner Selbstständigkeit, in die ich Erkenntnisse aus der Tour einfließen lassen wollte. Dieses Warum war wichtig und es war stark. Ich konnte diesem Warum andere Ziele unterordnen. Sogar die missglückte Ankunft am Nordkap war so gesehen nicht so tragisch. Wichtiger war, was ich daraus lernen konnte, was das für mein größeres Vorhaben bedeutete.

Change-Projekte: Entscheidend ist ein gemeinsames Warum

Auf meiner Tour gab mir mein Warum Energie und ließ mich bis zum Schluss durchhalten. Doch ich war alleine unterwegs. In Unternehmen gibt es dagegen viele Menschen. Die Manager sind immer nur eine kleine Minderheit. Und von den Veränderungsprozessen sind alle Mitarbeiter betroffen. Nun hört man in Change-Projekten oft, dass den Mitarbeitern erklärt werden muss, was sie tun sollen, weil sie es sonst nicht tun. Sicher brauchen Mitarbeiter Informationen und Erklärungen, und zwar möglichst frühzeitig und umfassend. Aber das reicht nicht. Bei Weitem nicht. Entscheidend ist ein gemeinsames Warum, ein Sinn, den alle Mitarbeiter in dem Veränderungsprozess sehen. Es genügt nicht, wenn Topmanager aus ihrer Sicht vom Sinn des Wandels überzeugt sind. Alle Menschen im Unternehmen müssen einen Sinn darin sehen. Und zwar nicht nur für das Unternehmen, sondern auch für sich selbst. Das ist der entscheidende Punkt: Nur wenn jeder Einzelne *für sich* ein Warum hat, gelingt nachhaltige Veränderung.

More than Money

»Der Zusammenhang zwischen Gehalt und Zufriedenheit ist sehr schwach« – so lautet die Kernaussage einer Metastudie des amerikanischen Managementprofessors Timothy Judge und seiner Mitarbeiter, aus der die Zeitschrift *Harvard Business Manager* in ihrer Ausgabe vom Sommer 2013 zitiert hat. Die Wissenschaftler zogen insgesamt 92 quantitative Studien, darunter zahlreiche Langzeitstudien, in ihre Bewertung ein und kamen zu dem Schluss, dass der »Zusammenhang zwischen Kompensation, Motivation und Leistung« ausgesprochen komplex sei und es »nur eine Überlappung von weniger als 2 Prozent zwischen der Zufriedenheit mit dem Job und dem Gehalt« gebe. Selbst wenn Menschen über die Höhe ihres Gehalts frei entscheiden könnten, wären sie dadurch allein »nicht glücklicher mit ihrer Arbeit«.

Die Erkenntnisse über den Zusammenhang von Geld, Motivation und Leistung gelten offenbar überall auf der Welt. In einer interkulturellen Vergleichsstudie konnten die Wissenschaftler kaum Unterschiede zwischen den USA, Indien, Großbritannien und Taiwan feststellen. Ein interessantes Muster zeigte sich auch bei der Gehaltshöhe. In den Unternehmen mit zufriedenen und motivierten Mitarbeitern waren die Geringverdiener den Studien zufolge genauso zufrieden wie die Spitzenverdiener. Das deckt sich mit den Ergebnissen der alljährlich veröffentlichten Studie von Gallup zur Mitarbeitermotivation (Gallup Engagement Index). Danach bestehen im Hinblick auf die Motivation der Mitarbeiter in einem Unternehmen keine signifikanten Unterschiede zwischen den Einkommensklassen.

Diese Forschungsergebnisse bestätigen mir nur das, was ich seit Jahren in Unternehmen beobachte: Geld motiviert Mitarbeiter nicht in erster Linie. Doch das Management will das oft nicht wahrhaben. Entscheider im Mittelstand sind immer noch häufig von Zahlen getrieben. Sie setzen sich zum Beispiel das ehrgeizige Ziel, den Umsatz in einem Jahr um 10 Prozent zu steigern. Und sie glauben, das sei auch für jeden einzelnen Mitarbeiter ein lohnendes Ziel. Für die Mitarbeiter ist das aber noch lange kein *Warum*. Sie wissen nicht, was sie davon haben, wenn sie sich für die 10 Prozent Plus anstrengen. Das Management winkt dann gerne mit Boni und Gehaltserhöhungen. Aber die interessieren die Mitarbeiter gar nicht so sehr. Wie oft habe ich erlebt, dass ein Mitarbeiter gekündigt hat, weil er nicht mehr wusste, wofür er sich die ganze Zeit aufrieb. Und alles, was dem Management als Reaktion einfiel, war, diesem Mitarbeiter eine Gehaltserhöhung anzubieten. Das hat noch nie funktioniert. Der Mitarbeiter ging trotzdem. Doch beim nächsten Mal versuchte man es wieder.

Vertrauen und Zugehörigkeit machen Mitarbeiter zufrieden

Geld motiviert die Mitarbeiter eben nicht, sondern nur ein Warum. Doch was heißt das konkret? Nach meiner Erfahrung wollen Mitarbeiter vor allem emotionale Anerkennung, ein Gefühl des Miteinanders und die Möglichkeit, sich einzubringen und etwas positiv bewegen zu können. Das zeigte sich auch in Untersuchungen des Beraters und Autors Sebastian Purps-Pardigol und des Neurowissenschaftlers Professor Gerald Hüther in einer Reihe von mittelständischen Unternehmen. Diese Unternehmen sind sowohl wirtschaftlich überdurchschnittlich erfolgreich als auch bekannt für ihr positives Betriebsklima. Neben Sinnhaftigkeit – also dem Warum – zählen diese Autoren Gestaltbarkeit, Vertrauen und Zugehörigkeit zu den wichtigsten Faktoren, die Mitarbeiter auf Dauer zufrieden und motiviert sein lassen. Geld kommt bei ihnen als Faktor überhaupt nicht vor, da die Auswirkung der Bezahlung auf die Motivation zu gering ist. Was Menschen wirklich wollen, ist das Vertrauen ihrer Vorgesetzten und Kollegen. Sie wollen jemanden, der an sie glaubt. Sie möchten sich außerdem mit anderen verbunden fühlen und sich einbringen. Viele sagen heute auch, sie möchten etwas lernen und mit Herausforderungen wachsen. Mehr dazu findet sich in dem Buch *Führen mit Hirn* von Sebastian Purps-Pardigol (siehe Literaturempfehlungen).

Gerade der Aspekt der Verbundenheit wird oft unterschätzt. In Urzeiten bedeutete es den sicheren Tod, wenn ein Mensch aus seiner Gruppe ausgeschlossen wurde und auf sich allein gestellt war. Deshalb war es zu Recht die größte Angst des Menschen, die Verbundenheit mit der Gruppe zu verlieren. Diese Angst ist in unserem Gehirn immer noch eingeprägt. Wenn Mitarbeiter Angst vor Veränderungen haben, dann zu einem sehr großen Teil deshalb, weil sie fürchten, den Anschluss zu verlieren. Das würde für sie Ausschluss aus der Gruppe und damit den Verlust des Gefühls der Sicherheit bedeuten. Ich bin immer wieder überrascht, wie schwer sich manche Führungskräfte damit tun, sich in ihre Mitarbeiter hineinzuversetzen und dieses Bedürfnis nach Zugehörigkeit, Eingebundensein und Sicherheit zu verstehen – zumal sie dieses Bedürfnis ja genauso selbst haben. Diese Empathie und dieses Verständnis füreinander – das meint die Lean-Kultur mit »Respect for People«. Das ist ihr Weg. Wo Führungskräfte und Mitarbeiter einander verstehen und ein gemeinsames Warum finden, können sich Unternehmen auch auf Dauer lean und agil aufstellen.

In der Aufwärtsspirale

Das Wichtigste: »ins Handeln zu kommen«

Wenn mich jemand fragt, was der wichtigste Erfolgsfaktor für den kulturellen Wandel ist – denn auf diesen Wandel läuft das Lean Management in Unternehmen hinaus –, dann sage ich: Loslaufen. Anfangen. Es ist für mich das Wichtigste, ins Handeln zu kommen. Nicht nur über Dinge nachzudenken und über sie zu reden, sondern sie auch zu tun. Danach ist es genauso wichtig, sein Warum zu kennen. Sobald ich ins Handeln gekommen bin, sollte ich mit allen Menschen im Unternehmen am Warum arbeiten. Und ich meine hier wirklich: mit *allen*. Das Ziel ist es, aus dem Warum des Unternehmens ein Warum für jeden einzelnen Mitarbeiter zu machen. Dazu ist es notwendig, dass Vorgesetzte sich öffnen, dass sie Mitarbeiter nicht nur mit ihren eigenen Ideen beschallen, sondern ihnen auch zuhören. Das braucht Geduld. Auch und gerade dann, wenn die Ungeduld groß ist, weil man schnell messbare Erfolge sehen will. Oft erlebe ich, dass die Chefetage Lean Management unbedingt will, der Mittelbau aber skeptisch ist und erst mal überzeugt werden muss. Wenn diese mittleren Manager dann die übrigen Mitarbeiter ins Boot holen sollen, vergessen sie, welche Ängste und Widerstände sie selbst erst einmal überwinden mussten. Je offener und vertrauensvoller ein Unternehmen mit Bedenken und Widerständen umgeht, desto besser. Es sollte nie etwas unter den Teppich gekehrt werden. Angst vor Neuem ist natürlich und normal. Gemeinsam lassen sich Ängste überwinden, sofern nicht so getan wird, als müsste alles ganz einfach sein. Das ist es fast nie. Und deshalb ist Durchhalten der dritte wichtige Punkt. Je stärker das Warum, desto leichter fällt das Durchhalten. Irgendwann setzt eine Aufwärtsspirale ein. Neue Rhythmen und Gewohnheiten greifen. Die einzelnen Mitarbeiter spüren, was sie persönlich vom Wandel haben. Das Neue beginnt, Spaß zu machen!

Das ist das eigentlich Kritische: der Übergang von etwas, was das Management gut findet, weil es gut für das Unternehmen ist, zu etwas, das alle Mitarbeiter gut finden, weil sie erleben, dass ihnen die Veränderungen auch persönlich guttun. Weil sie zum Beispiel mehr Verantwortung haben und mehr gestalten dürfen. Oder weil sie merken, dass selbstständige Problemlösung Spaß macht. Manchmal erlebe ich, dass während eines Theorieblocks, in dem es allgemein darum geht, was sich optimieren lässt, noch alle geduldig zuhören und nicken. Auf dem Weg in die Produktionshalle fangen die Einwände dann schon an: »Das ist doch gar nicht so schlecht hier«, heißt es dann. Oder: »So viel besser kann das hinterher auch nicht sein.« Der Hintergrund ist oft auch eine Angst vor der Entwertung der bisherigen Leistung bei den Mitarbeitern. Solche Ängste sind verständlich.

Widerstände dürfen sein und zeigen, ob das Warum stark genug ist

Wichtig ist jetzt für die Verantwortlichen, nichts persönlich zu nehmen. Widerstände dürfen sein. Es wird sich schon zeigen, ob das Warum stark genug ist. Wenn ja, lösen sich die Widerstände in Luft auf. Gute Erfahrungen habe ich mit Workshops gemacht, in denen die Mitarbeiter selbst ein Warum erarbeiten. Sie tragen zusammen, was sie persönlich von den anstehenden Veränderungen haben werden. Mehr Mitsprache und transparentere Entscheidungswege werden da zum Beispiel genannt, aber auch bessere Informationen und mehr Miteinander über Abteilungen und Hierarchien hinweg. Alles das kann eine Lean-Kultur den Menschen im Unternehmen bieten. Bloß nicht von heute auf morgen. Es ist eine Reise, eine Tour, so wie meine »schlanke

Tour« mit dem Fahrrad. Diese Tour hat mich verändert. Und sie war noch nicht zu Ende, als sie zu Ende war.

Irgendwann kam ich in Frankfurt an, da waren es noch 300 Kilometer bis nach Hause. Viel Lust zu fahren hatte ich nicht mehr. Facebook-Freunde klopften schon Sprüche wie: »Na, den Rest schaffst du jetzt aber auch an einem Tag!« Aber ich wollte jetzt keine Hektik. Ich wollte meinen Rhythmus halten und in Ruhe ankommen. Deshalb machte ich sogar noch einmal einen kleinen Umweg über Straßburg, um dort einen Ruhetag einzulegen. Am nächsten Tag fuhr ich nach Hause. Die letzten fünf Kilometer waren am schönsten. So sehr ich es in den letzten Wochen genossen hatte, Neues zu entdecken und mich Herausforderungen zu stellen, so tief spürte ich jetzt die Verbundenheit mit meiner vertrauten Umgebung. Dann endlich sah ich meine Frau wieder! Ich war überglücklich. Nur noch schnell duschen und dann gehen wir schick essen, versprach ich ihr.

Der übervolle Kleiderschrank und Wandel als Normalzustand

Als ich meinen Kleiderschrank öffnete, um mich umzuziehen, kam der Schock: Waaas? Alle diese Klamotten besitze ich? Was will ich denn damit? Ich stand wie angewurzelt vor den geöffneten Schranktüren und wusste nicht, was ich anziehen sollte. Vier Monate lang war ich, abgesehen von meinen Radklamotten, mit einer Freizeithose, einem T-Shirt und einem Pullover ausgekommen. Mein Kleiderschrank kam mir jetzt vor wie der von Karl Lagerfeld. Ich konnte mich beim besten Willen für nichts entscheiden. Da zog ich kurzerhand die Sachen von meiner Tour wieder an und ging in diesem Outfit mit meiner Frau in eines der besten Lokale der Umgebung. Am nächsten Morgen nahm ich mir als Erstes meinen Kleiderschrank vor. Hier war eine Lean-Aktion mehr als überfällig! Bis zum Mittag hatte ich die Hälfte des Schrankinhalts sorgfältig verpackt und für die Kleiderspende bereitgelegt. Mir ging es prächtig damit. Wieder hatte ich was bewegt. Wandel als Normalzustand.

Literaturempfehlungen

In dieser kommentierten Literaturliste finden Sie einige ganz persönliche Buchempfehlungen zu den Themen Lean Management, Agilität und zu neuen Unternehmensformen.

Hitoshi Takeda, Das synchrone Produktionssystem: Just-in-time für das ganze Unternehmen
7. Auflage 2013, München, Verlag Franz Vahlen, ISBN 9783800646074

Hitoshi Takeda, in meiner gesamten Lean-Ausbildung mein wichtigster Lehrer: Er hat mir, nachdem ich mich schon vier Jahre mit Lean Management befasst hatte, die Augen geöffnet, und bei ihm habe ich die Grundlagen dann wirklich verstanden. In seinem Buch »Das synchrone Produktionssystem« sind alle wichtigen Tools und Methoden sehr genau beschrieben. Für alle interessierten Lean-Manager eine Pflichtlektüre – und ein exzellentes Nachschlagewerk, wenn man wissen will, wie man die Tools gewinnbringend anwendet.

Sebastian Purps-Pardigol, Führen mit Hirn: Mitarbeiter begeistern und Unternehmenserfolg steigern
1. Auflage 2015, Frankfurt, Campus Verlag, ISBN 9783593503394

Ein gelungener Überblick über neurobiologisches Wissen kombiniert mit praktischen Erfahrungen, die sich mit meinen sehr stark decken. Geld ist keine ausreichende und dauerhafte Motivation. Es geht Mitarbeitern um Vertrauen, darum, sich mit anderen verbunden zu fühlen und sich einbringen zu können.

Rolf Drähter, Holger Koschek & Carsten Sahling, Scrum – kurz und gut
1. Auflage 2013, Heidelberg, O'Reilly, ISBN 9783868998337

Auf dem Weg zum Scrum Master gehört es dazu, dass man einige Bücher zum Thema liest. Ich habe lange gesucht, bevor ich gute Scrum-Bücher gefunden habe. »Scrum – kurz & gut« ist eins davon – und dazu angenehm kompakt. Das Taschenbuch beschreibt die Rollen, Meetings und Artefakte, die Scrum ausmachen, und erläutert all das im Kontext der Produktentwicklung.

Detlef Lohmann, Und mittags geh ich heim: Die völlig andere Art, ein Unternehmen zum Erfolg zu führen
1. Auflage 2012, Wien, Linde Verlag, ISBN 9783709304754

Erst das Buch lesen und dann Herrn Lohmann in seinem Unternehmen besuchen. Herr Lohmann ist ein sehr netter und offener Geschäftsführer, der gern neue Wege geht – und das sehr erfolgreich. Für mich sind das Buch und die Erfolgsgeschichte deshalb so spannend, weil er sein Unternehmen zunächst nach der Lean-Philosophie umgebaut hat und auf dieser Basis die nächsten Schritte in Richtung einer sich selbst führenden Organisation geht. Wie erfolgreich das sein kann, zeigt sein Gewinn, der deutlich über dem Durchschnitt liegt und im Unternehmen offen aushängt.

Rajan Suri, It's About Time: The Competitive Advantage of Quick Response Manufacturing
1. Auflage 2010, Taylor & Francis Inc, ISBN 9781439805954

Die Denkweise von Lean Management, angewendet auf Einzelstückfertigung, wie sie z.B. im Sondermaschinenbau oder ähnlichen Bereichen benötigt wird. Eine gute Hilfestellung, gerade für das Topmanagement, um das »System« Zeit zu verstehen.

Frederic Laloux, Reinventing Organizations visuell: Ein illustrierter Leitfaden sinnstiftender Formen der Zusammenarbeit
1. Auflage 2016, München, Verlag Franz Vahlen, ISBN 9783800652853

Neue Unternehmensformen. Was kommt nach Lean? Bei allem, was als Nächstes kommt, sind Lean und Agilität die Grundlage. Alle Unternehmen starten mit der Lean-Philosophie, bevor sie in Richtung Selbstführung aufbrechen. Frederick Laloux beschreibt in seinem Buch anhand mehrerer Beispiele aus den verschiedensten Branchen und Unternehmensgrößen, wie Unternehmen in der Zukunft aussehen können. Um einen ersten Einblick zu bekommen, empfehle ich die illustrierte Version.

James P. Womack & Daniel T. Jones, Lean Thinking: Ballast abwerfen, Unternehmensgewinne steigern
3. Auflage 2013, Frankfurt, Campus Verlag, ISBN 9783593398433

Eines der meistgelesenen Bücher über Lean Management im deutschsprachigen Raum und ideal, um einen Gesamteindruck der Tragweite von Lean Management in Unternehmen zu bekommen. In diesem Buch wird anschaulich der Weg von Porsche – von der Insolvenz zu einem der lukrativsten produzierenden Unternehmen der Welt – beschrieben. Absolut lesenswert!

Reinhold Messner, Berge versetzen: Das Credo eines Grenzgängers. Wertvolle Anregungen für jeden, der hohe Ansprüche an sich selbst stellt
6. Auflage 2010, München, BLV Buchverlag, ISBN 9783835405912

Ein Buch, in dem ich viele Parallelen zu meinem Denken und Handeln und wertvolle Anregungen gefunden habe. »Kreativität wächst beim Tun, nicht beim Reden.« oder »Das Tun beantwortet jede Frage!« sind für mich ganz entscheidende Aussagen.

Kein Lean- oder Scrum-Buch, aber für mich persönlich sowie bei der Arbeit an meinem Buch und meinem Projekt sehr inspirierend. Darüber hinaus ist es immer wieder fesselnd, Einblicke in die Projekte und Expeditionen von Reinhold Messner zu bekommen.

Jeffery K. Liker, Der Toyota Weg: Erfolgsfaktor Qualitätsmanagement
8. Auflage, FinanzBuch Verlag, ISBN 9783898797917

Neben »Lean Thinking« sicherlich einer der Klassiker im Bereich Lean Management. Für mich ein ganz wichtiges Buch, um die Denkweise hinter Lean Management zu verstehen und zu verinnerlichen. Jeffery K. Liker beschreibt anhand vieler Beispiele den Kern und den Spirit von Toyota und welche Grundprinzipien von entscheidender Bedeutung sind.

Tobias Mayer, Olaf Lewitz, Urs Reupke, Sandra Reupke-Sieroux, The People's Scrum: Revolutionäre Ideen für den agilen Wandel
2. Auflage 2017, Heidelberg, dpunkt.verlag, ISBN 9783864905339

Kein normales Fachbuch, sondern ein Band mit 39 Essays zu den Themen »Menschen«, »Prozess« und »Kultur«, die sich zum Teil ergänzen, zum Teil auch widersprechen: eine Lektüre, die viele Denkanstöße gibt, um die eigene Haltung und die eigenen Praktiken zu hinterfragen und für sich zu klären.

Rini van Solingen, Rolf Dräther, Der Bienenhirte – Über das Führen von selbstorganisierten Teams: Ein Roman für Manager und Projektverantwortliche
1. Auflage 2017, Heidelberg, dpunkt.verlag, ISBN 9783864904950

Ebenfalls kein typisches Fachbuch, sondern ein Roman: Es geht um Mark, eine Führungskraft in einer großen Supermarktkette, die sich umorganisiert und auf Selbstorganisation setzt. Als Mark seinen Großvater, der zunächst Schafhirte und später Imker war, besucht, erfährt er von diesem einiges, was sein Denken grundlegend verändert. Mehr wird nicht verraten.

Index

Über den Autor

Dipl.-Ing. Michael Habighorst (Jahrgang 1970) unterstützt produzierende mittelständische Unternehmen dabei, ihre Produktivität zu steigern, Engpässe zu überwinden, Fachkräftemangel zu kompensieren, Projekte agil zu steuern oder sich auf die Verzahnung der Produktion mit digitalen Technologien (»Industrie 4.0«) vorzubereiten.

Seine Spezialität ist es, smarte Lösungen für komplexe technische Problemstellungen zu ermöglichen, die sämtliche Mitarbeitenden verstehen und leicht umsetzen können.

Michael Habighorst wendet die Prinzipien des Lean Management an, wie er sie bei Hitoshi Takeda, einem der Begründer dieses Ansatzes bei Toyota, gelernt hat, und verknüpft diese heute als zertifizierter Lean-Experte und -Trainer, Scrum Master sowie Six Sigma Master Black Belt mit neuesten agilen Herangehensweisen.

Durch seinen Werdegang kennt der Ingenieur mittelständische Unternehmen vom Shopfloor- bis zum Top-Management. Nach einer Lehre als Kfz-Mechaniker bei Mercedes-Benz absolvierte er ein Maschinenbaustudium, arbeitete danach zunächst als Projektleiter und schließlich als geschäftsführender Gesellschafter in unterschiedlichen Branchen.

Sein Talent, Menschen ein Verständnis für komplexe Zusammenhänge zu vermitteln, sie zu motivieren und mit ihnen gemeinsam Probleme zu lösen, ließ ihn schließlich den Weg in die Selbstständigkeit als Berater wählen.

Nachdem er mehrfach mit dem Auto an Europas längster und härtester Offroad-Rallye teilgenommen hatte, fuhr er 2016 mit dem Fahrrad von Freiburg zum Nordkap und zurück. Das von vornherein mit dem Ziel, damit die Prinzipien des Lean Management auf einem ungewöhnlichen Gebiet zu erproben und anschaulich zu machen.

Michael Habighorst lebt mit seiner Frau in einem kleinen Ort vor den Toren Freiburgs. Seit über zehn Jahren trainiert er die brasilianische Kampf-Tanz-Kunst Capoeira, reist dazu weltweit zu Veranstaltungen und gibt Kurse für Einsteiger.

Website: habighorst-consulting.com

E-Mail: kontakt@habighorst-consulting.com